動かしながら学ぶ 🔭
Python

Discord Botを作って
プログラミングの
基礎を学ぼう

的場 達矢

本書に関するお問い合わせ

この度は小社書籍をご購入いただき誠にありがとうございます。小社では本書の内容に関するご質問を受け付けております。本書を読み進めていただきます中でご不明な箇所がございましたらお問い合わせください。なお、お問い合わせに関しましては下記のガイドラインを設けております。恐れ入りますが、ご質問の際は最初に下記ガイドラインをご確認ください。

ご質問の前に

小社 Web サイトで「正誤表」をご確認ください。
最新の正誤情報をサポートページに掲載しております。

上記ページの「正誤情報」のリンクをクリックしてください。なお、正誤情報がない場合、リンクをクリックすることはできません。

ご質問の際の注意点

- ご質問はメール、または郵便など、必ず文書にてお願いいたします。お電話では承っておりません。
- ご質問は本書の記述に関することのみとさせていただいております。従いまして、○○ページの○○行目というように記述箇所をはっきりお書き添えください。記述箇所が明記されていない場合、ご質問を承れないことがございます。
- 小社出版物の著作権は著者に帰属いたします。従いまして、ご質問に関する回答も基本的に著者に確認の上回答いたしております。これに伴い返信は数日ないしそれ以上かかる場合がございます。あらかじめご了承ください。

ご質問送付先

ご質問については下記のいずれかの方法をご利用ください。

> **Web ページより**
> 上記のサポートページ内にある「お問い合わせ」をクリックすると、メールフォームが開きます。要綱に従って質問内容を記入の上、送信ボタンを押してください。
>
> **郵送**
> 郵送の場合は下記までお願いいたします。
>
> 〒105-0001
> 東京都港区虎ノ門2-2-1
> SBクリエイティブ　読者サポート係

- 本書で紹介する内容は執筆時の最新バージョンであるWindows およびMacOSの環境下で動作するように作られています。
- 本書内に記載されている会社名、商品名、製品名などは一般に各社の登録商標または商標です。本書中では®、™マークは明記しておりません。
- 本書の出版にあたっては、正確な記述に努めましたが、本書の内容に基づく運用結果について、著者およびSBクリエイティブ株式会社は一切の責任を負いかねますのでご了承ください。

©2024 Tatsuya Matoba　本書の内容は著作権法上の保護を受けています。著作権者・出版権者の文書による許諾を得ずに、本書の一部または全部を無断で複写・複製・転載することは禁じられております。

はじめに

本書を手に取っていただきありがとうございます。本書は、Discord Botの作成を題材にしてPythonプログラミングを学び、エンジニアとしての第一歩を踏み出すための入門書です。

本書の目的は、Pythonを活用できるエンジニアを増やすことです。世の中には多くのPythonに関する入門書が存在しますが、多くはPythonの文法に焦点が当てられています。その結果、「入門書を読んだが、何も動くものは作れなかった」という状況になることも少なくありません。

一方で「動くものを作る」を重視した書籍もあります。すると「動くものはできたが、なぜ動いているのかわからない」という状況に陥ることもあります。実際にPythonを活用できるエンジニアとなるためには、なぜ動いているかを説明できなければなりません。

本書は動くものを作り、なぜ動いているかを理解できる状態を目指す本です。そのために、本書では実際に動作するアプリケーションを起点として、Pythonプログラミングを学びます。本書の中では、最初に動くソースコードを提示し、プログラミングを学習しながら理解・修正することで学びを進めていきます。

本書では、実際に動くアプリケーションの開発を体験するため、Discord Botを題材として利用します。世の中には、PythonでDiscord Botを手軽に作るための情報がありますので、すぐに動くものを作れます。最初に動くDiscord Botのソースコードを提示しますので、要所でDiscord Botを修正しながら、学んだ知識を経験に変えていきましょう。

的場　達矢

◆ 本書の読み進め方

Part1「Pythonとプログラミングの基礎（Chapter1, 2）」では、Pythonというプログラミング言語の特徴やプログラミングそのものについて学びます。これによって、プログラミングを行うとはどういうことなのかを理解します。**これからPythonプログラミングを学び始める人は、Part1から読み始めてください。**

次にPart2「PythonでDiscord Botを作ろう（Chapter3, 4, 5）」では、Pythonを使って作成したDiscord BotをカスタマイズしながらPythonプログラミングの基本や応用を学びます。これによりPythonを使って、実際に動作するアプリケーションを開発するためのスキルを身につけましょう。「プログラミング言語の文法は学んだけど、何も動くアプリは作れなかった」という状況を避けつつ、動くアプリを作るためのプログラミングの考え方や文法を学んでいきます。**すでにPythonプログラミングを学んでいる人は、Part1を飛ばしてPart2から読めるように構成しています。**

その後、Part3「Discord Botを作った次に」では、この本での学習が終わったその先の話を紹介します。Pythonは非常に多くの分野に活用できるプログラミング言語であり、関連する知識は多岐にわたります。また、Pythonやエンジニアに関する知識は日々広がり続けているため、必要な知識の全てを書籍で紹介することはできません。しかしながら、Pythonを活用しエンジニアとして活動していくための情報収集の知識は紹介できます。Part3では、本書での学びを次に発展させていくための情報や、それらの情報の調べ方、本書で扱った内容の補足情報を紹介します。本書を読み終わった後、各自が自分に必要な知識や情報を改めて探していくことにもなりますので、その参考にしてください。すでに、Pythonでプログラミングできる人は、Part3を読むことでよりPythonの活用を進められるようになるでしょう。

高校で情報科目が必修となったのは2022年度からです。本書は、Pythonプログラミングを本格的に学びたい人に向けて作成された入門書ですが、特に高校で情報Iを学んでプログラミングに興味を持ち、実際に何かを作りたいと思っている方を対象としています。そのため、情報Iで学ぶレベルの内容を詳しくは扱いません。本書を通じて、情報Iで学んだ理論的な知識を実践的なプログラミングスキルに変えることができれば幸いです。

◆ サンプルコードについて

本書では、Pythonのソースコードを積極的に利用し、随所にコード例を紹介しています。プログラミングを学ぶ上で重要なことの1つは、実際にソースコードを書いて動かし、その結果を体験することです。紙面でソースコードを眺めるだけでなく、実際に動かしてみることが大切であり、その経験が力になります。

プログラミングは、1文字でも間違えると動きません。「プログラムは思ったとおりには動かない。書いたとおりに動く」という格言があります。プログラムは、それほど厳密なものです。

そして、タイピングミスによりプログラムが動かないという状況は初心者によく見られます。このような状況を避けて、学習におけるつまずきをできるだけ少なくするため、本書で取り上げたプログラムのソースコードを配布しています。ソースコードはそれぞれ、サンプルコードのダウンロードファイルの chapter3/ chapter4/ chapter5 フォルダの中に格納されています。

・サンプルコード ダウンロード

https://www.sbcr.jp/support/4815617889/

もし、本の内容に従ってプログラムを作成したにもかかわらずプログラムが動かない場合は、ソースコードをダウンロードして実際に動かしてみることをオススメします。

また、本書ではソースコードのファイル名を示しながら説明します。1つのファイルに多くの行が含まれる場合もあり、そのような場合は分割して説明することもあるため注意してください。本書では「このファイルの何行目から何行目」という形で表現しますが、実際の完全なファイルは配布したファイルで確認できます。また、本書の内容に関わる補足情報は、本書のサポートページをご確認ください。

CONTENTS

はじめに ……………………………………………………………… 3
本書の読み進め方 …………………………………………………… 4
サンプルコードについて …………………………………………… 5
目次 …………………………………………………………………… 6

Part 1　Pythonとプログラミングの基礎　　11

Chapter 1　はじめてのPythonプログラミング …………… 11

▶ **Pythonを使う準備をしよう** ………………………………… 12
　　Pythonって何？ ……………………………………………… 12
　　Pythonをインストールしよう ……………………………… 15
　　簡単なプログラムを実行してみよう ……………………… 22
　　プログラムをファイルから読み込む ……………………… 25

Chapter 2　アプリケーション開発の基礎 ………………… 31

▶ **アプリケーションとプログラミング** ……………………… 32
　　プログラミング言語とは何か？ …………………………… 33
　　様々なプログラミング言語 ………………………………… 34
　　Pythonはどういうプログラミング言語か ………………… 36
　　プログラムはどう動くか …………………………………… 38
　　アプリケーションとは何か ………………………………… 41
　　アプリケーションはどう作るか …………………………… 42
　　アプリケーション開発とプログラミング学習 …………… 43

Part 2　PythonでDiscord Botを作ろう　　45

Chapter 3　PythonでDiscord Botを作る ……………………… 46

▶ Discord Botを使う準備をしよう ……………………………… 46
- DiscordとDiscord Bot ……………………………… 46
- Discord Botの仕組み ……………………………… 49
- Discord Botを動かす ……………………………… 51

Chapter 4　Pythonの基本とDiscord Botの変更 …………… 57

▶ 変数と演算子 ……………………………………………………… 58
- データを変数に入れて扱う ……………………………… 59
- 変数に入れたデータで計算する ……………………………… 62
- 文字列を変数に入れる ……………………………… 67
- プログラムの利用者がデータを入力する ……………………………… 69
- Discord Botのメッセージを変更する ……………………………… 71
- 様々なデータとデータ型 ……………………………… 74

▶ リスト ……………………………………………………………… 78
- 複数のデータを1つの変数にまとめる ……………………………… 78
- リストの要素にアクセスする ……………………………… 80
- リストに要素を追加する ……………………………… 82
- 複数のリストを結合する ……………………………… 83
- Discord Botでリストを使った応答を返す ……………………………… 85

▶ 繰り返し ………………………………………………………… 88
- for文で繰り返しを表現する ……………………………… 88
- for文で指定の回数だけ繰り返す ……………………………… 90
- Discord Botでfor文を使ってみよう ……………………………… 92

▶ if文 ……………………………………………………………… 94
- if文で特定の要素のみ処理する ……………………………… 95

if 文で条件に一致しない場合に処理する……………………………97
　　　複数の条件を含む if 文で処理する………………………………99
　　　for 文と if 文を組み合わせる……………………………………101
　　　Discord Bot で if 文を使ってみよう……………………………103

▶ 関数………………………………………………………………………105
　　　処理を関数に入れて扱う……………………………………………105
　　　関数に引数を渡す……………………………………………………107
　　　関数の処理結果を受け取る…………………………………………110
　　　for 文と関数を組み合わせる………………………………………112
　　　Discord Bot で関数を利用する……………………………………115

▶ 辞書………………………………………………………………………119
　　　キーと値のペアでデータに意味付けをする………………………119
　　　辞書の要素を追加する………………………………………………121
　　　複数の辞書を扱う……………………………………………………122
　　　Discord Bot で辞書を使ってみよう………………………………126

▶ オブジェクト・クラス…………………………………………………128
　　　データと処理を 1 か所にまとめる…………………………………130
　　　Discord Bot でクラスを利用する…………………………………133

Chapter 5　Python の応用と Discord Bot の拡張……………135

▶ モジュール………………………………………………………………137
　　　モジュールとは何か…………………………………………………137
　　　モジュールを作ってみよう…………………………………………138
　　　モジュールとパッケージ……………………………………………141

▶ ライブラリ………………………………………………………………143
　　　ライブラリとは何か…………………………………………………143
　　　Python 標準ライブラリを使ってみよう…………………………144

▶ サードパーティ製パッケージ…………………………………………147
　　　サードパーティ製パッケージをどう使うか………………………147
　　　サードパーティ製パッケージを使ってみよう……………………150

▶ フレームワーク…………………………………………………………154
　　　フレームワークとは何か……………………………………………154

様々なフレームワーク ･･･ 155
　▶ **API** ･･･ 156
　　　API とは何か ･･ 156
　　　API を使ってみよう ･･ 157
　▶ **Discord Bot の拡張** ･･ 167
　　　API で Discord Bot を拡張しよう ･･ 167
　　　Discord Bot にどんな機能を組み込む？ ････････････････････････････････････ 167
　　　Discord Bot に機能を実装しよう ･･･ 170

Part 3　Discord Bot を作った次に　　　177

Chapter 6　動くアプリケーションを作った先に ････････････････ 177

　▶ **アプリケーションで人とつながる** ･･ 179
　　　STEP1. 自分用のアプリケーションを作ってみる ･･････････････････････････ 180
　　　STEP2. 友達にアプリケーションを使ってもらう ･････････････････････････ 182
　　　STEP3. 招待を増やして、より多くの人に使ってもらう ･･････････････････ 183
　　　STEP4. アプリケーションを一般公開してたくさんの人に使ってもらう ･･ 185
　▶ **Python を足掛かりに技術の世界へ** ･･ 187
　　　どんどん身近になる情報技術 ･･･ 188
　　　確実な技術の情報を確かめる ･･･ 189
　　　もっともっと技術の世界を広げる ･･ 192

◆◆◆　Appendix

　▶ **Discord Bot の設定** ･･ 198
　　　アプリケーションを作成してトークンを発行する ･･････････････････････････ 198
　　　Discord Bot の権限を設定する ･･ 201
　▶ **Spotify へのアプリケーション登録手順** ･･･････････････････････････････････ 204
　　　アプリケーションを作成する ･･･ 204
　▶ **Client ID と Client secret を発行する** ･････････････････････････････････ 207

序章　Python プログラミングの世界への旅立ち

大学生になったワタルは、忙しいながらも充実した生活を楽しんでいました。期末テストも終わり、長期休暇の予定を立てようと大学の掲示板を確認していたところ、プログラミングハンズオンのポスターを見つけました。

> 現役エンジニア・フリーランス技術者が教える
> プログラミングハンズオン：Python の世界へようこそ
>
> 講師：　matoba/yukie/…
>
> 初心者歓迎！参加費無料
> プログラミングの面白さや可能性を体感しよう！
>
> 日次：　〇月〇日（〇）　10:00-
> 会場：　〇〇市民会館2F　A会議室
>
> ＊使用するパソコン（Windows もしくは MacOS）は各自持参してください。

高校で情報 I を学んだときに感じた、未知の世界への興味を思い出したワタルは、勇気を出してハンズオンに参加してみることにしました。

◆登場人物

ワタル
この物語の主人公。高校の授業で情報 I を学び、コンピューターサイエンスに興味を持つ。アウトドア派で春先は欠かさずキャンプに行っていたが、最近スギ花粉アレルギーを発症した。

matoba
ワタルが参加したハンズオンの担当講師の1人。しっかり詳しく教えてくれる。実家で犬と共に育った犬派であったが、大人になった後に自身が犬アレルギーであることに気づいた。

Yukie
ワタルが参加したハンズオンのサブ講師。ちょくちょく見回りに来る。猫を被り（物理）、猫を吸うのが日課。その結果、猫アレルギーを発症した。

PART 1

CHAPTER

1

はじめての
Pythonプログラミング

この章で学ぶ内容

- ☑ Pythonについて
- ☑ Pythonを使う準備
- ☑ プログラムの実行

SECTION 1 Pythonを使う準備をしよう

こんにちは。ワタル君。Pythonエンジニアを目指す最初の一歩として、Pythonプログラミングを学んでいきましょう。早速ですが、Pythonを使ったことがありますか？

よろしくお願いします！高校でプログラミングの授業があり、その時に少しPythonを使ってみたことがあります。学校のパソコンで少し触った程度ですので、経験があるとは言いにくいですが…

なるほど、少し触ったことがあるのですね。ではこれからPythonプログラミングの基礎や、Python自体について詳しく学んでいきましょう。まずは自分のパソコンでPythonを使えるように設定しましょう。

はい！自分で最初から設定するのって、なんだか冒険の準備をするみたいでワクワクしちゃいますね！

ではでは、早速はじめますよ〜！

🚩 Pythonって何？

まずは、Pythonとは何かを簡単に説明します。Pythonはプログラミング言語の1つです。Pythonの文法に従って書かれた命令を書くと、それをコンピュータ上で実行できます。

Pythonでプログラミングを始めるためには、次の2つが必要です。

- プログラムを書くためのテキストエディタ
- 作成したプログラムを実行するためのPythonがインストールされたコンピュータ

また、プログラムを実行するコンピュータのことを**実行環境**と呼びます。

 テキストエディタ

テキストエディタとは、テキストファイルを編集するためのソフトウェアです。テキストエディタは、単に「エディタ」と呼ばれることもあります。プログラミングに限らず、テキストファイルの作成で利用できますが、プログラミングのためには必ず必要なソフトウェアです。

また、テキストエディタの中には、プログラミングに特化したものがあります。そのようなソフトウェアには、プログラムを書くための便利な機能が備わっています。プログラミングの際には、プログラミング向けのテキストエディタを選びましょう。

例えば、「シンタックスハイライト」と呼ばれる仕組みが備わったテキストエディタでは、Pythonのプログラムを見やすい状態に色をつけてくれます。シンタックスハイライトが有効なテキストエディタでプログラムを書けば、タイピングミスをした際に気づきやすくなります。他にも行番号を表示してくれる場合もあり、これもプログラムを見やすくしてくれます。

テキストエディタは無料のものから有料のもの、多機能なものからシンプルなものまで様々あります。今からプログラミングを始める人にはVS Codeがオススメです。VS CodeはVisual Studio Codeの略式表記です。VS Codeは、プログラミングのための便利な機能や拡張機能が充実していて、無料で利用できますし、たくさんの利用者がいます。VS Codeの場合、こちらからダウンロードできます。

参考 Visual Studio Code
https://code.visualstudio.com/

ただし、テキストエディタには慣れや愛着があるケースもあるので、慣れたものがあるならそれを利用しても問題ありません。なお、筆者はNeoVimというエディタを使っていますが、玄人向きのエディタなので初心者にはオススメしません。

テキストエディタは、先生におススメされた VS Code を使おうと思います！
カッコよくて、すでに自分が天才エンジニアになった気分です。

プログラミングをするためにテキストエディタは欠かせません。エディタごとの便利な機能が付属していることも多いので是非使いこなしてください。

自分のお気に入りのテキストエディタを見つけましょう〜！

```
 1  import math
 2
 3  def calculate_area(radius):
 4      """半径が与えられたらその円の面積を求める"""
 5      if radius < 0:
 6          raise ValueError("半径に負の値は指定できません")
 7      return math.pi * radius ** 2
 8
 9  def main():
10      # 面積を求める半径のリスト
11      radii = [1, 2, 3, -4, 5]
12
13      for radius in radii:
14          try:
15              area = calculate_area(radius)
16              print(f"半径が {radius}の面積は{area:.2f}")
17          except ValueError as e:
18              print(f"エラー: {e}")
19
20  if __name__ == "__main__":
21      main()
22
```

図1 シンタックスハイライトや行番号が表示されているテキストエディタの例

```
import math

def calculate_area(radius):
    """半径が与えられたらその円の面積を求める"""
    if radius < 0:
        raise ValueError("半径に負の値は指定できません")
    return math.pi * radius ** 2

def main():
    # 面積を求める半径のリスト
    radii = [1, 2, 3, -4, 5]

    for radius in radii:
        try:
            area = calculate_area(radius)
            print(f"半径が {radius}の面積は{area:.2f}")
        except ValueError as e:
            print(f"エラー: {e}")

if __name__ == "__main__":
    main()
```

図2 シンタックスハイライトや行番号が表示されていないテキストエディタの例

🚩 Python をインストールしよう

Python をインストールする方法を見てみましょう。今回は Python の公式サイトからインストーラーをダウンロードし、それを使って Python をインストールしましょう。

Windows 用と macOS 用の具体的なインストール方法については、それぞれのセクションで説明します。

> **Tip　インストーラー**
>
> インストーラーとは、あるソフトウェアを各コンピュータにインストールするソフトウェアです。Python のインストーラーを利用すると、そのコンピュータで Python が利用できます。言い換えると、Python のインストーラーを利用すれば、Python を簡単にインストールできます。
>
> インストーラーは、Windows や macOS といった OS によって個別に用意されています。自身が使っているコンピュータの OS にあったインストーラーをダウンロードして Python をインストールしましょう。

なお、Python の公式サイトでも Windows や macOS に対する Python のインストールが紹介されています。より詳細な説明がありますので、必要に応じて参照してください。

参考 Windows 向け Python のインストール手順
https://docs.python.org/ja/3/using/windows.html

参考 macOS 向け Python のインストール手順
https://docs.python.org/ja/3/using/mac.html

先生は macOS なんですね！あこがれるなぁ。

私の場合、趣味で音楽制作をしていたことも関係して、macOS でプログラミングを始めましたね。最近は、Windows/macOS のどちらも使っている人が多いので、慣れた OS をそのまま使ってもいいですし、周りに合わせるのもいいでしょう。

▶ Windows でのインストール手順

Windows を使用している場合、ブラウザを使って、Python の公式サイト（https://python.org）にアクセスしましょう。アクセスすると「Downloads」❶というメニューが表示されています。ここをクリックし、ダウンロードページに移動します。

表示されたダウンロードページから、最新の Python のインストーラーがダウンロードできます。本書の執筆時点では最新版の Python バージョンは 3.12.6 です。「Download Python 3.12.6」❷のボタンをクリックして、インストーラーをダウンロードしましょう。

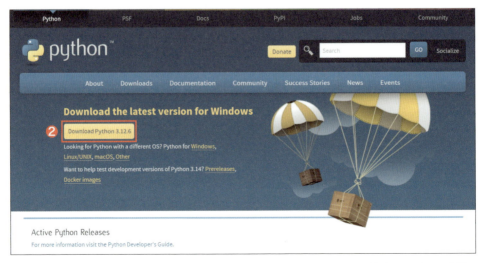

▲ Python 公式サイトのダウンロードページでは、最新版の Python のインストールが案内されるため、実際のバージョンは異なることがあります。

ダウンロードできたらインストーラーを起動し、Python のインストールに進みます。起動すると次のような画面が表示されます。「Add python.exe to PATH」❸にチェックを入れて、「Install Now」❹をクリックします。

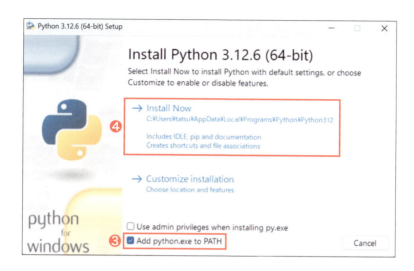

インストールが完了すると、次の画面が表示されます。これで Python のインストールは完了です。

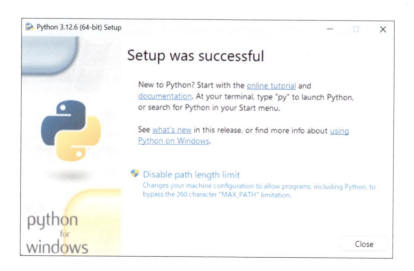

インストールが完了したら、念のため、きちんとインストールできていることを確認しましょう。Windows の場合、スタートメニューから「コマンドプロンプト」❺を開いてください。

その後、[python -V] と入力するとインストールされた Python のバージョン❻が表示されます。

できました〜！コマンドプロンプトの真っ黒な画面はハッカーみたいで胸が高まりました。もうテンション MAX です !!!

ははは。大げさですねぇ。では、次は macOS のマシンにも Python をインストールしてみましょう。

わかりました！どちらでも使えるようにやってみます。

▶ MacOS でのインストール手順

macOS を使用している場合も、ブラウザを使って、Python の公式サイト（https://python.org）にアクセスしましょう。「Downloads」❶というメニューをクリックし、ダウンロードページに移動します。

表示されたダウンロードページで「Download Python 3.12.6」❷のボタンをクリックして、インストーラーをダウンロードします。

▲ Python 公式サイトのダウンロードページでは、最新版の Python のインストールが案内されるため、実際のバージョンは異なることがあります。

ダウンロードできたらインストーラーを起動し、Pythonのインストールに進みます。起動すると右のような画面が表示されますので、確認して「続ける」❸をクリックします。

続く画面の案内を確認して進んでいき、インストール完了後、右の画面が表示されます。これでPythonのインストールは完了です。

インストールが完了したら、念のため、きちんとインストールできているかを確認しましょう。macOSの場合、「アプリケーション」の中の「ユーティリティ」フォルダの中にある「ターミナル」❹を開いてください。

その後、ターミナルで `python3.12 -V` と入力すると、インストールされている Python のバージョン❺が表示されます。

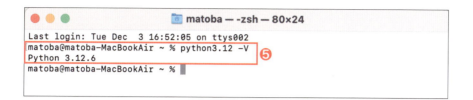

これでテキストエディタと Python どちらも準備することができましたね。

はい！いよいよプログラミングが始まりますね。久しぶりなので、まずは復習もかねて詳しく教えて下さい！

ワタル君、いい感じですね～！

> **Tip** **Python のインストールで気を付けたいこと**
>
> 本書では、Python の公式サイトからインストーラーをダウンロードして、Python をインストールする方法を説明しました。Python のインストール方法は、公式サイトからインストーラーをダウンロードする方法以外にもあります。例えば、Windows の場合、Microsoft Store からインストールすることができますし、macOS の場合は、Python が最初からインストールされていることもあります。
>
> ただ、開発への利用としては、公式サイトからインストーラーをダウンロードしてインストールするのが最も確実です。例えば、macOS のバージョンによっては、初期インストールされている Python のバージョンが古いこともあります。Python のバージョンが古かったり、想定より新しい場合は、プログラムが動かない状態になることもあります。
>
> エンジニアとしては、利用する Python のバージョンやインストール方法、提供元には細心の注意が必要です。ここでは、OS が提供している Python ではなく、Python 公式が提供している最新のバージョンを公式サイトから直接インストーラーをダウンロードしてインストールする方法を紹介しました。今後も、Python の環境をセットアップする場合は、その Python がどのようにしてセットアップされたのかを意識しつつ利用していきましょう。

簡単なプログラムを実行してみよう

Pythonがインストールできたら、簡単なプログラムを書いて実行してみましょう。多くのプログラミング言語で初心者が最初に試す命令として「Hello World」というものがあります。これは、プログラミング言語を使って実行環境に「Hello World」という文字列を出力させるためのものです。

定番なので、今回もこれをやってみましょう。

まずは、Pythonを対話モードで起動します。Windowsの場合はコマンドプロンプトから、macOSの場合はターミナルから python コマンドを使って対話モードを起動できます。

▶ Windowsの場合

Windowsの場合、スタートメニューから開いたコマンドプロンプトで `python` と入力すると、Pythonが対話モードで起動します。具体的には次のような画面が表示されます。

対話モードっていうんですね。Pythonと呼びかけると、対話が始まるなんて、機械と話すことができるみたいで面白いなぁ。

そうだね。対話モードというのは、入力した内容に対してすぐに結果を返してくれるから、プログラムの動作をすぐに確認できるんだよ。この辺の話は、このあとじっくり説明するから覚えておいてね！

なんだか匂わせてきますね。奥が深そうな話だなぁ…

▶ macOS の場合

macOS の場合、「アプリケーション」の中の「ユーティリティ」フォルダの中に「ターミナル」があります。

macOS でターミナルを起動し、`python3.12` と入力すると、Python が対話モードで起動します。具体的には次のような画面が表示されます。

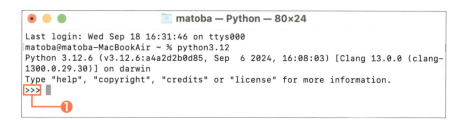

▶ Python を対話モードで動かす

Windows の場合も macOS の場合も、対話モードで起動すると `>>>` ❶ が表示されます。カーソルがある場所を「プロンプト」と呼びます。プロンプトにプログラムを書き込んでいくことで、1 行ずつプログラムを実行できます。

Python で「Hello World」を出力するには、次のように記述します。

```
print("Hello World")
```

ついに "Hello World" だ！
これで僕も Python エンジニアの仲間入りですね！

タイピングミスに注意してくださいね！
Python の世界に踏み出す準備はできましたか？

ばっちりです！
・・・しっかり入力してっと。じゃあ、いきます！

…タイピング大丈夫かな？

これを書き込んでエンターを押すと、このプログラムが Python で実行されます。すると「Hello World」という文字が出力されます。以下は、macOS での例です。

```
Last login: Wed Sep 18 16:31:46 on ttys000
matoba@matoba-MacBookAir ~ % python3.12
Python 3.12.6 (v3.12.6:a4a2d2b0d85, Sep  6 2024, 16:08:03) [Clang 13.0.0 (clang-1300.0.29.30)] on darwin
Type "help", "copyright", "credits" or "license" for more information.
>>> print("Hello World")
Hello World
>>> 
```

…なんかこう。分かってはいたんですが、地味ですね。

そうですね。プログラミングの一つ一つは、地味な処理になっています。ただ、その地味な処理を積み上げていくことで、実用的なプログラムが出来上がります。実際の実用的なプログラムは、数万行を超えていることも珍しくありません。

非常に簡単なものではありますが、Python でプログラムを実行できました。 `exit()` もしくは `quit()` と入力すると、対話モードを終了できます。Python でできる様々なことを 3 章以降で学んでいきます。

```
exit()
```

もしくは、

```
quit()
```

 違う文字を出力してみよう

1. 「Hello World」以外の文字を出力するにはどうすればよいでしょう？例えば「Hello Japan」なら？「こんにちは」ならどうすればよいでしょうか？

プログラムをファイルから読み込む

1行だけではありますが、Python のプログラムを作成して実行できました。より実用的なプログラムを開発していく場合、1行だけでなく、より多くの行数のプログラムを作成して実行します。それはプログラムの複雑さに応じて増え、その数は数百、数千、数万といった数になっていきます。

このようなプログラムを毎回、対話モードでプロンプトに書き込むのは大変です。そのため、実際はファイルに保存しておいたプログラムを Python を使って実行することにより、より複雑なプログラムを実行します。今後、Python でできる様々なことを学んでいく前に、まず Python のプログラムをファイルから読み込んで実行する方法を理解しておきましょう。

大きな流れは以下のようになります。

1. テキストエディタで、Python のプログラムを書いたファイルを作成する。
2. 保存したファイルを Python で読み込んで実行する。

言われてみればその通りですが、確かに毎回対話モードでコードを打ち込んでいたら日が暮れてしまいますね。タイピングミスなんてしてしまったら…

なので、エディタを使ってプログラムを書いて保存しておくんです。次はこの方法を試してみましょう。実際にはこちらの方法で使うことが大半です。

まずは、Python のプログラムを書いたファイルを作成します。今回は python-eng-book というフォルダの中に hello.py というファイルを作成しましょう。また、このファイルの中にプログラムを書いてみましょう。

保存場所となるフォルダを python-eng-book という名前で作成します。今回はデスクトップに作成しましょう。

次にテキストエディタでPythonのプログラムを書いたファイルを作成しましょう。以下は、テキストエディタがVS Codeの場合の例となります。

VS Codeを立ち上げて、python-eng-bookのフォルダを開きます。その後、メニューから「新しいファイル」を選び、ファイルの種類は「Python」を選択します。

▶ Windowsの場合

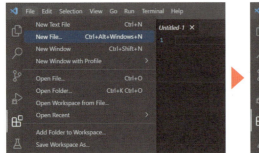 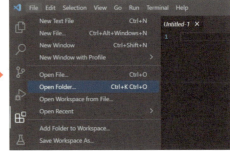

▶ macOSの場合

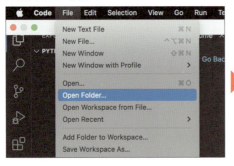 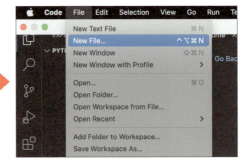

ファイルを開いたら、`print("Hello World")`と書きます。そして、ファイル名をhello.pyとして保存しましょう。一般的に、Pythonのプログラムを書いたファイルは、拡張子を「.py」と設定します。

以下は作成したファイルのイメージです。イメージは macOS のものです。

> **Tip 拡張子について知っておこう**
>
> 拡張子とは、ファイルの種類を識別するためにファイル名の最後に付けられる文字列を指します。一般的には、ピリオド . と短い文字列で表されます。「.py」は Python のプログラムを書いたファイルであることを示します。他の例を示すと、Microsoft Word の拡張子は「.docx」であったり、JPEG の画像ファイルは「.jpeg」や「.jpg」であったりします。
>
> Windows や macOS では、ファイルの拡張子を見て、そのファイルを開くために利用するソフトウェアを決定します。

保存場所とファイル名を適切に設定したら、ファイルからプログラムを読み込んで実行してみましょう。プログラムの実行方法は利用している OS によって違います。Windows ユーザーはコマンドプロンプトから、macOS ユーザーはターミナルから python コマンドを使って実行できます。

実行の流れは以下になります。

1. python-eng-book を作成した場所に作業場所を切り替える
2. python コマンドでプログラムを実行する

▶ Windows の場合

Windows の場合、以下のコマンドで作業場所を切り替えられます。{ パス } の部分には、python-eng-book フォルダのパスを指定します。

```
cd {パス}
```

ファイルの場所がわからない場合、エクスプローラーでフォルダをコマンドプロンプトにドラッグ＆ドロップすると、パスが入力されます。また、Windows の場合、エクスプローラーでフォルダを右クリックして表示される「パスのコピー」を選択すると、フォルダへのパス情報をコピーできます。その後、コマンドプロンプトで右クリックすると、パスをペーストできます。

作業場所を切り替えたら次のように python コマンドを実行します。`python {ファイル名}` の形式になります。

```
python hello.py
```

成功すれば、「Hello World」と表示されます。

▶ macOS の場合

ターミナルで `cd {パス}` を実行すれば作業場所を切り替えられます。

```
cd {パス}
```

ファイルの場所がわからない場合、Finder でフォルダをターミナルにドラッグ＆ドロップすると、パスが入力されます。

作業場所を切り替えたら python コマンドでプログラムを実行します。`python3.12 {ファイル名}` の形式で指定したファイルに記載されたプログラムを Python で実行できます。`python3.12` と `{ファイル名}` の間には、半角のスペースが必要です。全角スペースでは動かないため、注意しましょう。

```
python3 hello.py
```

`python3 {ファイル名}` の形式を入力して、Enter を押すと、指定したファイルの内容が Python に読み込まれて実行されます。今回の例では、ターミナル上に「Hello World」という文字列が表示されます。これでファイルから Python のプログラムを実行できました。

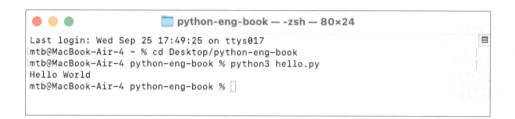

実行したプログラムは1行ですが、Python プログラミングにおける重要な一歩です。

 Try 違う文字を出力するプログラムを作ろう

1.「Hello World」と出力するプログラムをファイルに書いて実行してみましょう。
2. そのプログラムを「Hello Japan」と出力するプログラムに修正して実行してみましょう。

 Tip パス (path) について知っておこう

ファイルの場所は、プログラミングの用語でパス (path) と呼ばれます。例えば「python3 コマンドに、実行するファイルのパスを渡せば、プログラムが実行できる」といった表現で使います。絶対パス、相対パスといった表現もあります。

パスの書き方は、Windows や macOS など、OS によって異なります。本書ではパスの詳細は説明しませんが、OS に関連する書籍で説明されるでしょう。プログラミングを続け、エンジニアとして活動していく中で何度も遭遇する単語ですので、知っておきましょう。

ファイルの作成と実行ができました！たぶん、今やった操作ってホントに初歩的なことなんだと思うんですけど…自分で手を動かしたからか、今メチャクチャ感動しています！

いいですね！自分で手を動かして体験したというのが重要です。ゲームで言えば、経験値を獲得したような状況になります。本やインターネットで知識を集めるのも大切ですが、実際に自分が手を動かして「できた！」と言う体験をすることには変えられない価値があります。

ありがとうございます！
なんだか、これからも頑張れそうな気がしてきました！

それは良かった！
たくさん楽しんでもらえるといいな〜！

PART 1

CHAPTER

2

アプリケーション開発の基礎

> この章で学ぶ内容
> - ✓ プログラムについて
> - ✓ プログラミング言語について
> - ✓ アプリケーションについて

SECTION 1 アプリケーションとプログラミング

ところでワタル君。プログラミングって知っていますか？

？？？
はい、知ってます。プログラムを書くことですよね！

そうですね。では、そのプログラムって何でしょう？
また、プログラミング言語とは何かについては説明できますか？
それから、プログラムとアプリケーションの違いはわかりますか？

うーん…
プログラミング言語は、Python のようなものだと思います。
それで、プログラムは Python で作ったもの？
アプリケーションとの違いは … わかりません。

はい。では今回は、プログラミング言語やプログラムが動く仕組み、プログラムとアプリケーションの違いなどを学んでいきましょう。これらについて知ることは、アプリケーションを開発できるようになるために大切なことです。

難しいと思いますが、概要くらいはここでしっかり把握しておきましょう！

確かに、今までなんとなーく知ったつもりになってました。
解説よろしくお願いします！

プログラミング言語とは何か？

プログラミングとは先ほどの話にあった通り、プログラムを書くことを指します。プログラムは、コンピュータに対する命令、コンピュータがどう動くかの指示の塊です。そして、プログラミング言語はプログラムを書くための言語です。

プログラミング言語を使えば、「これをこうやってください」とコンピュータに指示を出すことができます。この指示を命令と呼び、複雑な条件を含む場合もあります。例えば「何々のタイミングでこれをやってください」とか「この一覧のそれぞれに同じことを繰り返してください」といったような具合です。

命令を受け取って実行するのはコンピュータです。そのため、個別の命令はコンピュータが解釈可能な粒度で書く必要があります。コンピュータは、受け取った命令の中に解釈できない命令が含まれていれば、エラーを返します。複雑なことをコンピュータで実行したい場合、それ相応の複雑な命令を書くことになります。

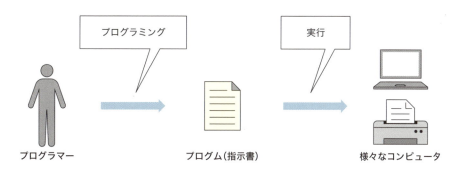

図1　プログラムが実行されるまでの流れ

複雑な命令を書くためには、それ相応のプログラミング技術やプログラミング言語そのものの表現力が重要になります。複雑な命令をスムーズに表現するために、プログラミング言語には様々な文法が存在します。別の言い方をすると、プログラムを書くための様々な文法、コンピュータへの命令の書き方を集めたものがプログラミング言語です。

様々なプログラミング言語

プログラミング言語は、コンピュータへの命令を出すための言語であることを学びました。また、複雑なプログラムを書くためにプログラミング言語には様々な文法が含まれていることも学びました。次は、様々なプログラミング言語があることを説明しましょう。

本書では「Python」というプログラミング言語を解説しています。他にも様々な言語があります。プログラミング言語によって何が違うのでしょうか。

文化庁の資料によると1993年ごろから急激にパソコンが普及し、2000年には単身世帯を含む世帯で50%に達しました。この普及に連動する形で個人でも利用しやすいプログラミング言語が生まれてきました。

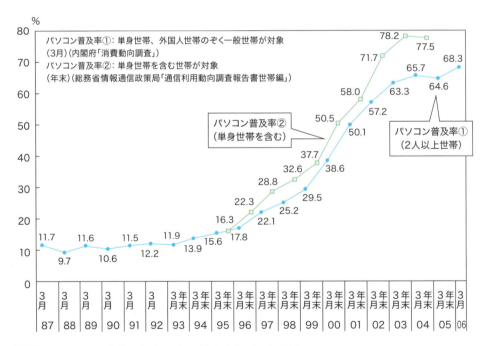

図2 パソコン世帯普及率（本川裕 / 社会実情データ図鑑）
出典：https://www.bunka.go.jp/seisaku/bunkashingikai/kokugo/kanji_kako/07/pdf/haihu_3.pdf

プログラミング言語によって異なる部分は多岐に渡りますが、大きな違いの1つは命令の厳密さです。事前に整数か文字列か、といったデータの型に関する宣言が必要な言語もあれば、自動的にデータの型が設定・変換される言語もあります。データの型を自動的に変換せず、エラーを出力する言語もあります。

パソコンの普及前はコンピュータが高級で、専門的なスキルを持つ人のみがプログラムを開発していました。また、開発されるシステムも、政府機関、大企業、金融機関、公共交通機関といった社会的な影響の大きいシステムでした。実行時のエラーによるシステム停止を避けるため、開発段階でプログラムが扱うデータを厳密に確認し、可能な限り実行時のエラーを防ぐプログラミング言語が求められていました。

しかし、パソコンの普及によって、様々な人がコンピュータに命令を出すプログラムを開発したい場面が出てきました。特に個人が自分のためのプログラムを開発したい場面が増加していくことで、利用者と開発者が同一人物となる場面も増えていきました。個人で利用するプログラムでは、ほとんどの場合、利用時にエラーが発生しても大きな問題に発展しません。

プログラムは利用される場面により求められる厳格性も変わっていきます。このような時代の流れで生まれたプログラミング言語の1つがPythonです。

うーん。じゃあPythonは個人のためのプログラミング言語ってことですか？でもYouTubeもPythonでできているって聞きますし、生成AIなんかでもPythonを使うと話題になっていますよね？

いい質問だね！確かに、Pythonは個人でも手軽に使えるけど、実は大規模なシステムでも広く使われているんだ。

YouTubeやInstagramのような有名なWebサービスでもPythonが使われたと言われているし、最近だとAIや機械学習の分野でも欠かせない言語になっているんですね〜。

Pythonはどういうプログラミング言語か

本書で扱っているPythonというプログラミング言語はどのような言語でしょうか。Pythonの成り立ちや歴史を知ることで、Pythonがより身近に感じられます。そうすれば、Pythonでのプログラミングのハードルがより下がっていくでしょう。

Pythonはパソコンが普及していく時期に作られた言語です。Pythonと同時期に作られたプログラミング言語としては、RubyやPHPがあります。これらの言語は、今ではWebアプリケーションの開発でよく使われていますが、その特徴は少しずつ異なります。

表1 Pythonと同時期に作られたプログラミング言語との比較

言語	開発年	開発者	特徴
Python	1990年	グイド・ヴァン・ロッサム	Pythonは、Zen of Pythonと呼ばれる設計哲学を持つ。「There should be one--and preferably only one --obvious way to do it.」など、ただ1つの解決策を目指す。 参考 https://peps.python.org/pep-0020/
Ruby	1993年	まつもとひろゆき	「プログラミングの楽しさ」を大切にし、1つの目的を達成する表現方法が複数ある。 参考 https://www.artima.com/articles/the-philosophy-of-ruby
PHP	1994年	ラスマス・ラードフ	Web開発に特化し、HTMLの中に埋め込むことができる。 参考 https://www.php.net/manual/ja/preface.php

Pythonはその特徴から、誰が書いても似たようなプログラムになりやすく、他の人が書いたプログラムを読みやすいと言われます。そのような思想もあってか、教育分野や科学計算分野で活発に利用されるようになっていきました。それと付随して、先人の残したプログラム、数値計算向けのノウハウが蓄積していきました。それは、現在のデータ分析やAIの分野で広く利用される状況につながっています。一方でPHPは、Web開発で多数使われた言語であり、現在でも多数のWeb開発分野で使われています。

日本のユーザーコミュニティを見ると、PythonもRubyも活動が活発ですが、その雰囲気は異なります。Rubyのコミュニティは、Webアプリケーションを楽しく開発するフレンドリーな雰囲気があると聞きます。一方でPythonのコミュニティは、利用者が科学計算やデータ分析からWeb開発や教育など多岐に渡るため、多様性に重きを置く文化があります。筆者はPythonのコミュニティに参加して多くのことを学んできましたが、様々な背景を持つPythonエンジニアの合流地点となっていると感じています。

Pythonだけでなくプログラミング言語には得意な分野があるんですね！Pythonの場合、それが今の情報解析を積極的に行う世の中の流れにピッタリということでしょうか？

そうだね。プログラミング言語は、その成り立ちから得意分野があって、Pythonに積み上げられてきた資産が世の中にマッチしているとも言えるね。

それはPythonでデータ分析や機械学習の資産があることにも関係してるけど、Webアプリケーションや組み込みソフトウェアでもPythonは使われるので、様々な分野を繋げるプログラミング言語として活躍しやすいという理由もあるよ。

> **Tip 日本語のプログラミング言語も存在する!?**
>
> Pythonでのプログラミングの多くは、英数字を使います。「プログラミング言語がコンピュータへの命令の集まり」と考えると、日本人は日本語でプログラミングできた方が理解しやすく見えませんか？実は、日本語プログラミング言語も存在します。
>
> 例えば、「なでしこ」がその1つです。2020年には、全国の中学校の教科書に採用されたので、聞いたことがある人もいるかもしれません。ただし、エンジニアでは日本語に特化したプログラミング言語より英語に近いプログラミング言語の方が利用されているのが現状です。

日本語でも外国語由来の言葉や表現があるように、様々なプログラミング言語も別の言語に影響を受けながらそれぞれが独自に発展してきました。同じ名前の文法でも挙動がプログラミング言語ごとに異なることもあります。

例えば、「コーディングを支える技術　成り立ちから学ぶプログラミング作法」（西尾泰和/技術評論社）という本もありますので、様々なプログラミングを学んだ後に興味があれば、このような本を読むのもよいでしょう。

プログラムはどう動くか

ここまで似た時期に作られたプログラミング言語をいくつか紹介しました。次はプログラムがどう動くかについて簡単に説明しましょう。プログラミングからプログラムが動くまでの流れをイメージすることで、実際にプログラムを動かす流れをイメージできるようにしましょう。

プログラミング言語でコンピュータへの指示を書いたテキストをコンパイルすると実行可能なファイルが生成されます。**コンパイル**とは、あるプログラミング言語で書かれたプログラムを、コンピュータが実行できる形式に変換することを指します。このテキストは**ソースコード（source code）**と呼ばれます。そして、このソースコードを作成する行動を**コーディング（coding）**と呼びます。

コンパイルすることにより、テキストはコンピュータが理解しやすい機械語になります。機械語は0と1の組み合わせで表現されており、コンピュータが理解しやすい形式です。しかし、人間が機械語のプログラムを作成するのはハードルが高くなります。そこで、人間が扱いやすい言語として、プログラミング言語が生まれ、それを使ってプログラムを作成するようになりました。

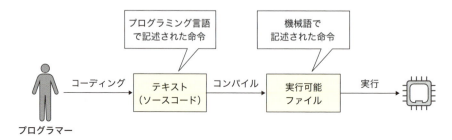

図3 プログラムが実行されるまでの変化の様子

思ったより複雑な工程があるんですね…。
僕は英語もちゃんと喋れないので機械語なんて絶対ムリです！

情報Iで2進法を学習したと思うけど、0と1で表現される機械語を直接取り扱うことは至難のワザだ。そこで我々人間が理解できて使いやすいようにプログラミング言語が開発されたんだよ。

> **「プログラミング」と「コーディング」**
>
> 近い意味で利用される言葉として、「プログラミング」と「コーディング」があります。
>
> プログラミングとは、実際に問題を解決するロジックを考え、それを実現するプログラムを作成する活動全般を指します。「プログラミング」という言葉の中には、新しいソースコードを作成するだけでなく、作成したプログラムの修正や動作確認、デバッグといった活動も含みます。
>
> コーディングとは、ロジックをプログラミング言語で表現する作業のことです。コーディングは、プログラミングにおいて必要不可欠な作業です。しかし、プログラミングには、コーディング以外の作業も含まれています。

ソースコードが機械語に変換されるタイミングは大きく分けて2種類あります。C言語やRustといったコンパイラ言語では、ソースコード全体が一度にコンパイルされ、1つの機械語の実行ファイルに変換されます。PythonやRubyといったインタプリタ言語の場合は、ソースコードは逐次的に解釈され、その場で実行されます。

インタプリタ言語では、1行ずつコードを実行できるため、コードの作成時に試行錯誤が容易になります。例えば、Pythonでは対話モードを使って、1行ずつコードを実行して結果を確認できます。

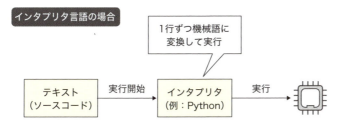

図4　インタプリタ言語の実行のしくみ

一方で、**コンパイラ言語**は、通常ソースコード全体を書き終えてからコンパイルを行います。コンパイルの中ではエラーチェックや最適化が行われた後に、実行ファイルが作成されます。

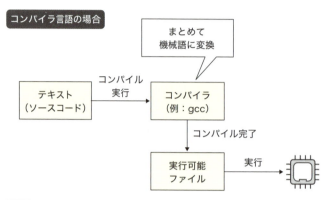

図5　コンパイラ言語の実行のしくみ

ただし、インタプリタ言語のプログラムを実行するには、そのコンピュータに対応するインタプリタ（PythonやRuby）のインストールが必要になります。一方でコンパイラ言語を使い、コンパイルで生成された実行ファイルを配布すれば、コンピュータにインタプリタがインストールされていない場合でも動作するプログラムを作れます。また、コンパイラ言語は、ソースコードに誤りがあればコンパイル時にエラーや警告を出力するため、実行せずとも問題に気づけることもあります。

今回は、インタプリタ言語であるPythonを学んでいきますので、命令は順を追って実行し、確認できます。

と、いうことで…
だいぶ駆け足の説明だったけどプログラムがそもそもどのように動いているのかはわかったかな？

正直難しかったです！
ただ、今からやるPythonがインタプリタ言語で、ここまでに自分のPCで準備してきた内容が機械語への変換の準備だったのは理解しました！

> **Tip** 「プログラム」と「スクリプト」
>
> プログラミングを学んでいると、「プログラム」や「スクリプト」の言葉をよく耳にします。「プログラム」と「スクリプト」は、どちらもコンピュータに対する命令の集まりを指す言葉です。手作業を自動化するためのプログラムは、特に「スクリプト」と呼ばれることがあります。
>
> 関連する用語として「モジュール」という用語もあります。モジュールは、プログラムを機能ごとに分割して管理するための仕組みです。モジュールは、Chapter5 で説明します。
>
> 「プログラム」と一言で言っても、その中には様々な概念が含まれています。それらの概念を説明するために、このような用語が使われています。
>
> 関連した文章が Python の公式ドキュメントにもありますので、興味があれば読んでみてください。
>
> 参考 Python の公式ドキュメント：6. モジュール
> https://docs.python.org/ja/3/tutorial/modules.html

🚩 アプリケーションとは何か

ここまではプログラムの作り方を説明してきました。次は、アプリケーションについて説明しましょう。アプリケーションとプログラムの違いはなんでしょうか。

プログラムは、コンピュータに与える指示の塊を指しています。例えば、「ファイルを開く」「ファイル名を変更する」といった単純な内容のこともあれば、「指定されたファイルを開いて、その中に書いてある宛先一覧を確認する。その後、宛先に1つずつメールを送信する」といったような複雑な内容のこともあります。

アプリケーションは、利用者の目線で何かしらの目的を達成できるようにしたものです。アプリケーションとは何かを理解するために「機能」という言葉を理解する必要があります。アプリケーションは、複数の機能が集まったものです。

例えば、あるスマートフォンのアプリを考えると、その中に「プロフィール画面を開く」「名前を保存する」「通知設定を確認する」など複数の操作があります。この1つ1つの操作を「機能」と言います。アプリケーションは、ある目的のために複数の機能を集めて組み合わせたものです。

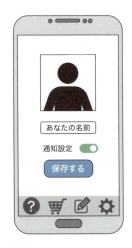

図6 スマートフォンアプリケーションのイメージ

▶スマートフォンのアプリは、このような機能をスマートフォンから使いやすくしたものです。1つのアプリケーションに多数の機能が含まれていることもあれば、非常にシンプルな機能だけのこともあります。

🚩 アプリケーションはどう作るか

では、アプリケーションを作るためにはどうしたらよいのでしょうか。

アプリケーションを作るためには、まず、コンピュータでできることを理解する必要があります。その次に、それらを組み合わせて何を作るかを考えます。その後、できることの組み合わせでアプリケーションを作っていきます。

しかし、コンピュータは非常に多くのことができます。そのため、コンピュータにできることを全て学んでから何かを作ろうとすると時間がかかり過ぎてしまいます。アプリケーションを作る際には、現実的な時間の範囲内で完成させることが重要になります。

そこで、まずはよく使う処理や定番の処理を学んだ後、それを組み合わせつつ作りたいものを考えます。その上で不足している技術や知識を学びながら大きなアプリケーションを作っていきます。

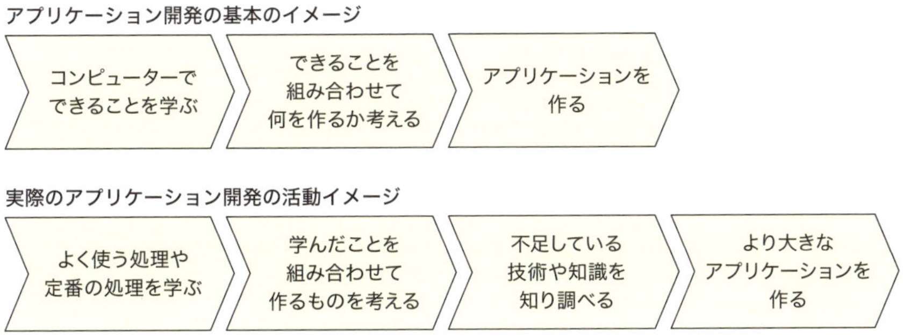

アプリケーション開発の基本のイメージ

コンピューターでできることを学ぶ → できることを組み合わせて何を作るか考える → アプリケーションを作る

実際のアプリケーション開発の活動イメージ

よく使う処理や定番の処理を学ぶ → 学んだことを組み合わせて作るものを考える → 不足している技術や知識を知り調べる → より大きなアプリケーションを作る

図7 アプリケーション開発の実際

このような未知の技術や知識を明らかにし、それを調査・検証していくのはエンジニアの仕事の一部でもあります。実務で働いているエンジニアも世の中にあるすべての技術に精通しているわけではありません。エンジニアがエンジニアとして働けるのは、このようなアプリケーションを作る流れを理解し、必要な技術や知識を自ら集められるからです。

さらに実際に仕事でアプリケーションを開発する場合、もっと活動は複雑になり、仕様書の作成や動作確認といった工程も含まれてきます。

アプリケーション開発とプログラミング学習

さらに、昨今のアプリケーションは、様々な機能の組み合わせでできています。そのため、最初のアプリケーションを作る前に多くの知識を学ぶ必要があり、挫折しやすい状況になっています。そこで1つの学習テクニックとして、すでに動くアプリケーションの一部を修正しながら実用的な機能を作る方法を紹介します。

本書では、すでに動作する Discord Bot のソースコードを動かしてみるところから始めます。そして、Python の文法を学びながら、そのソースコードを修正していくことで Python で定番となる処理や書き方を学んでいきます。その上で Discord Bot 以外のアプリケーションや、本書で取り扱わない技術の知識を集めていくために、便利なツールや情報も Chapter 6 で紹介します。

ここでは、プログラムが動かせるようになってからアプリケーションを作れるまでの全体の流れを説明しました。次は本格的に Python でアプリケーションを動かす方法を学んでいきましょう。

では、これにて座学は終了です。
聞きなれない言葉も多く疲れたでしょう？

はい。プログラミングってなんとなくコードを打ち込めばいいと思っていたのですが、他にも考えなきゃいけないことがあるんですね…

確かに何もない状態からソースコードを書いていくのは難しいですが、最初は誰かが書いたソースコードを元に勉強していくのがいいでしょう。ここからは実際に手を動かしながら学んでいきますよ！

ハンズオンは楽しいよ〜！
一緒に挑戦していきましょう。

PART 2

CHAPTER

3

Pythonで
Discord Botを作ろう

この章で学ぶ内容

- ☑ Discordについて
- ☑ Discord Botについて
- ☑ Discord Botの仕組み
- ☑ Discord Botの起動

SECTION 1 Python で Discord Bot を作る

では、突然ですが
Python で Discord Bot を作っていきましょう！

（ん？難しそうな話からいきなり話が進んだな？？？）
えっと ...Discord Bot を作るってどういうことですか？

あれ？そこから説明が必要か。
Discord は知ってる？

Discord は知ってます。
友達とゲームする時に使ったりするんで。

OK。じゃあ Discord や Discord Bot について説明した上で、Python で Discord Bot を作る方法について説明していきましょう。

楽しみにしてました！よろしくお願いします。

🚩 Discord と Discord Bot

Discord は音声、ビデオ、テキストを使ったチャットアプリです。Discord は、2015年にアメリカの Discord inc. からゲーマー向けにリリースされ、サービス提供が開始されました。Discord の運営会社は、Nitro と呼ばれるオプションやサーバーブーストと呼ばれる特典の販売で収益を上げています。

Discordは10代がオンラインで安全に過ごせるような様々な工夫がされています。例えば、Discordは広告を表示せず、第三者にユーザーデータを販売していません。他にも「10代がDiscordを安全に利用できるか」を保護者向け、教育者向けに回答した情報も公開されています。

ちなみに、Discordは、安全に配慮したコミュニティガイドラインも規定されていて、多様性を学ぶ場所にもなるね。

参考　Discord コミュニティガイドライン
https://discord.com/guidelines

さらにはDiscordでのルールを破ったユーザーに対する警告や仕組みも公開されていて、様々な学ぶ仕組みが提供されています。

参考　Discord 警告システム
https://support.discord.com/hc/ja/articles/18210965981847

また、Discord では、Discord 上のアクションやメッセージに反応する Bot を開発できます。Bot とは、特定のタスクを自動的に実行するプログラムのことです。例えば、Discord のサーバー上で Bot に対してメッセージを送った際に自動で応答するような Bot は、プログラミングにより開発されています。

Discord のサーバーに参加した経験がある人であれば、様々な Discord Bot を見たことがあるでしょう。例えば、MEE6 は、自動メッセージの応答やリアクションによるロール付与、メッセージ送信数によるレベル付与などの機能を持っています。他にも Ticket Tool は、Discord 上にお問い合わせフォームを追加して複数人で対応できるようにする機能を持っており、Discord 上での生活をより快適にするために利用されています。

▲ディスコードの自分のサーバーでボットと会話をしている様子。

Discord サーバーの運営者の負担を低減するために Bot が活用できます。Discord の公式でもコミュニティを育てていくためにサーバー運営者は、Bot チームや Bot マネー

ジャーを設けることをオススメしています。サーバーの運営が大きくなるほど、コミュニティ向けに調整された Bot が重要になります。

🚩 Discord Bot の仕組み

Discord Bot を作っていくために、Discord Bot の仕組みを理解しましょう。基本的に Discord Bot は次の図のように動作します。この例は、利用者が Discord 上にメッセージを投稿し、そのメッセージに Bot が反応して応答を返すケースです。

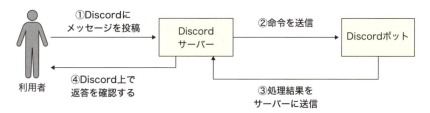

図1 Discord での情報の受け渡し

1. 利用者が Discord 上にメッセージを投稿すると、それは Discord のサーバーに送信されます。
2. Discord サーバーは、そのメッセージを Discord Bot に送信します。
3. Discord Bot は受け取ったメッセージを処理して結果を送信します。
4. Discord サーバーは、Discord Bot より受け取った応答を Discord 上に表示し、利用者はそれを確認します。

他にも、Discord Bot はメッセージの投稿以外のアクションにも反応できます。また、2 でメッセージを受け取った際に情報を保存しておくことが可能です。具体的にどのように動作するかは、Discord Bot の機能により異なります。

なんとなくですが Discord Bot の仕組みはわかりました。このボットを動かすためのルールをプログラミングで設定していくんですね！

そうなります。今回はメッセージに反応して動くボットをプログラミングしますが、応用次第で様々な機能を追加することができます。

今回は、Botにメッセージを送信して、そのメッセージに応答するBotを作ります。ここからは、Pythonプログラミングの文法に加え、DiscordサーバーとDiscord Botの通信をより意識することになります。Disocrdの開発者ドキュメントにおいて、2はGateway API（WebSocket）、3はHTTP API（REST API）と呼ばれています。

図2 DiscordでのAPIを利用した通信の仕組み

> **Tip　通信技術についてもっと知りたい！**
>
> WebSocketやREST APIは、Discord BotがDiscordサーバーと通信するための利用している通信の技術です。WebSocketやREST APIは一般的な通信技術です。これらは1つ1つを説明するために、書籍が出版されています。本書では、この技術の詳細は説明しませんが、Discord Botの開発に限らず様々な場所で利用される技術なので別途調べてみましょう。
>
> これらの通信技術をDiscordにおいて、どのように利用するかは、Discordの開発者向けドキュメントで説明されています。Discordの開発者向けドキュメントはインターネット上に公開されていますので、こちらも別途確認してみましょう。
>
> **参考　Discordの開発者向けドキュメント**
> https://discord.com/developers/docs/intro

また、開発したDiscord Botを実際に利用するためには、Discord Botをサーバーにインストールする必要があります。これにより、利用者がDiscordサーバー上に投稿したメッセージがDiscordサーバーからDiscord Botに送信されるようになります。どのような情報が送信されるかは、Discord Botをインストールするときに確認できます。

次は、このような仕組みで動くDiscord Botを実際に動かしてみましょう。

🚩 Discord Bot を動かす

今回は、事前に用意したソースコードをもとに Discord Bot を動かしてみましょう。ただ、Discord Bot を動かす前に、Discord の開発者サイトでアプリケーションの登録が必要です。Discord でのアプリケーション登録の方法は Appendix（付録）で説明していますので、そこに記載の方法で登録を行ってください。

ここでは Discord アプリケーションの登録およびトークンのコピーが完了している前提で進めます。

次は実際にソースコードを用意して Discord Bot を動かしてみます。次のソースコードを記述したファイルを作成してください。ファイル名は app.py として、デスクトップの python_eng_book フォルダに保存しましょう。

app.py

```python
import discord
from discord.ext import commands

TOKEN = "token"      # ここに Discord の Bot の Token を入れる

intents = discord.Intents.default()
intents.message_content = True
bot = commands.Bot(command_prefix=">", intents=intents)

@bot.command()
async def hey(ctx):
    await ctx.send("Hello World!")

bot.run(TOKEN)
```

ソースコードの以下の行を修正して、トークンを設定します。

app.py の一部

```
4    TOKEN = "token"        # ここに Discord の Bot の Token を入れる
```

例えば、トークンが abcdefg-xxxxx-yyyy の場合は、以下のように修正します。

app.py の一部

```
4    TOKEN = "abcdefg-xxxxx-yyyy"        # ここに Discord の Bot の Token を入れる
```

> **Tip トークンとは**
>
> トークン（英語で Token）は、認証のための情報を指します。Discord Bot のトークンは、Discord サーバーが Discord Bot を認証するための情報です。このトークンがあることで、これから動かす Discord Bot が正式な Discord Bot であることを証明できます。
>
> Discord Bot だけでなく、多くの Web サービスやアプリケーションでトークンが利用されています。トークンは、認証情報を安全に扱うために、外部に漏れないように管理する必要があります。

トークンは入力できましたか？タイピングミスをなくすにはコピー＆ペーストした方がいいですね。

出来ました！僕のトークンは＊＊＊…

ストップ！ストップ！
トークンは悪用されないように、しっかり自分で管理してくださいね！

うっかり漏らさないように気をつけてね～！

その後、Discord Bot を起動します。Discord Bot を起動するためには、Python の仮想環境を作成し、discord.py というライブラリをインストールする必要があります。

▶ Windows の場合

Windows の場合は、コマンドプロンプトを起動して以下のコマンドを実行して、Discord Bot を起動する準備をします。python_eng_book フォルダをコマンドプロンプトにドラッグ＆ドロップすることで、パスを取得できます。

```
cd {デスクトップのパス}\python_eng_book
python -m venv env
.env\Scripts\activate.bat
pip install discord.py==2.3.2
```

▶ MacOS の場合

ターミナルで以下のコマンドを実行して、Discord Bot を起動する準備をします。VS Code の場合は、メニューから「ターミナル」、「新しいターミナル」を選択してターミナルを開いてください。

```
cd ~/Desktop/python_eng_book
python3 -m venv env
source env/bin/activate
pip install discord.py==2.3.2
```

躓きやすいのはパスの指定ですね。学校の授業の復習になると思いますが、パスは「パソコンの中の住所」を意味します。どこにプログラムがあるかをちゃんと認識しておくことが大切です。

はい！パスは大丈夫です。
ただ…仮想環境？を使うのははじめてかもしれません。

なるほど！仮想環境とここで使用しているコマンドについては、この後に 1 行ずつ説明をしていきます。話すと長くなるのでここでは一旦、先程の app.py が動かせるか確かめてみましょう。

コマンドがエラーなく完了したら、次のコマンドを実行して、Discord Bot を起動します。

```
python app.py
```

無事に起動できた場合、次のようなメッセージが表示されます。

実行結果

```
2024-06-18 11:52:55 INFO discord.client logging in using static token
2024-06-18 11:52:56 INFO discord.gateway Shard ID None has connected to Gateway (Session ID: ......).
```

このメッセージが表示されると Discord Bot と Discord サーバーが WebSocket で接続され、投稿されたメッセージが Discord Bot に届くようになります。

Discord Bot が無事に起動したら、次は Discord から Bot にダイレクトメッセージを送ってみましょう。この Bot は `>hey` というメッセージに反応して「Hello World!」とメッセージを返します。

▲起動した Discord Bot とのやりとり

Discord Bot が反応して応答を返すことを確認します。Bot が反応したら、無事に起動できています。

手元で動作している Python プログラムが、WebSocket 経由でメッセージを受け取り、そのメッセージへの反応として REST API で Discord にメッセージを投稿しました。

> **Tip macOS での SSLCertVerificationError**
>
> macOS で Python をインストールしたての場合、SSL 証明書のインストールができておらず SSLCertVerificationError が出ることがあります。その場合は、「Applications」フォルダの中の「Python 3.12」フォルダの中の「Install Certificates.command」をダブルクリックすると解決されます。
>
> 参考 Using Python on macOS
> https://docs.python.org/ja/3/using/mac.html

Discord Bot の動作が確認できたら、Ctrl + C を実行し、プログラムを停止しましょう。また、次のコマンドを実行することで仮想環境も無効化しておきましょう。

▶ Windows の場合

```
.env\Scripts\deactivate.bat
```

▶ macOS の場合

```
deactivate
```

Bot が動くようになったら、次はこの Bot の修正しながら Python プログラミングについて学んでいきます。

> **Tip それぞれのコマンドの意味**
>
> ターミナルで実行した1つ1つのコマンドには意味があります。また、コマンドの形式は OS によって異なります。それぞれのコマンドが何をしているかを理解することで、プログラミングをより深く理解することができます。
>
> 例えば、今回利用した macOS におけるコマンドの意味は以下の通りです。
> 次のコマンドは、ユーザーのホームフォルダの「デスクトップ」に移動します。
>
> ```
> cd ~/Desktop
> ```

次のコマンドは、Python の仮想環境を作成します。

```
python3 -m venv env
```

次のコマンドは、Python の仮想環境を有効化します。

```
source env/bin/activate
```

次のコマンドは、Python の仮想環境を無効化します。

```
deactivate
```

次のコマンドは、discord.py というライブラリのバージョン 2.3.2 をインストールします。

```
pip install discord.py==2.3.2
```

> **Tip** **なぜ仮想環境を使うのか**
>
> 今回、Python の仮想環境を作成し、有効化・無効化を行いました。Python でのプログラミングにおいて、仮想環境を使うことでライブラリのインストール状況を適切に管理できます。
>
> 仮想環境を有効化せずに pip を使ってライブラリをインストールすると、そのライブラリはパソコン全体の Python 環境で利用できるようになります。しかし、プログラミングではライブラリのバージョンが変わると挙動が変わることがよくあるため、プロジェクトごとにライブラリのバージョンを固定して環境を独立させることが重要です。
>
> 仮想環境を使いつつ、ライブラリのバージョンを固定して利用しないと以下のような問題が発生する可能性があります。
>
> ・時間が経つと、ライブラリの最新バージョンが登場し、以前動作したプログラムが動作しなくなってしまう。
> ・別のプロジェクトでも参照するライブラリを最新バージョンでインストールしたために、プログラムの動作が変わってしまう。
>
> このような問題を防ぐためにも、仮想環境を使いましょう。

PART 2

CHAPTER

Pythonの基本と
Discord Botの変更

この章で学ぶ内容

- ☑ 変数と演算子
- ☑ リスト
- ☑ 繰り返し
- ☑ if文
- ☑ 関数
- ☑ 辞書
- ☑ オブジェクト・クラス

SECTION 1 変数と演算子

次は、実際に Python を活用してプログラミングを学んでいきましょう。さて、プログラミング言語はコンピュータに指示を出すための言語でしたね。では、コンピュータにどんな指示を出してみましょうか？

コンピュータへの指示ですか？う～ん…特に何も思いつきません。というよりなかなかイメージが湧きません…

はい。その場合は Discord Bot にどんな指示を出すかを考えてみると想像しやすいでしょう。例えばさっきのプログラムでは、「>hey」というテキストに「Hello World!」と返していましたね。

あ！じゃあ、あのプログラムには「>hey」が投稿されたら「Hello World!」を返すという指示があったってことですね。

そうです。このような「どのような情報が投稿された際に何を行うか」といった指示を書くためには、コンピュータがデータを扱う方法を理解する必要があります。

データを扱う方法ですか？

はい。コンピュータは様々なデータを扱います。コンピュータに出せる指示の内容が想像できるようになるでしょう。

なるほど…データの扱い方がプログラミングの鍵なんですね。詳しく教えて下さい！

🚩 データを変数に入れて扱う

プログラミング言語でデータを扱う方法を学ぶために、まずはデータを変数に入れて扱う方法について説明していきます。

「データを変数に入れる」ですか。たしか、プログラミングで出てくる変数は数学で習った変数とはまた違ったものでしたよね？

はい。変数は、様々なプログラミング言語で登場する概念です。データを一時的に保持するための入れ物が変数と呼ばれます。

第一の関門。ちゃんと理解できるかな〜？

コンピュータは、データに基づいて動作します。コンピュータに指示を出すためには、データの扱い方について理解する必要があります。データの扱いに関する考え方は、どのプログラミング言語でも必要になる考え方なので、しっかりと学んでいきましょう。

Pythonでは数値や文字列といったデータを扱うことができます。これは多くのプログラミング言語と同じです。プログラミングでは、数字や文字列で表されるデータをコンピュータに提示しながら様々な指示を出します。プログラムはデータを受け取って解釈したり、処理の結果としてデータを返すことができます。

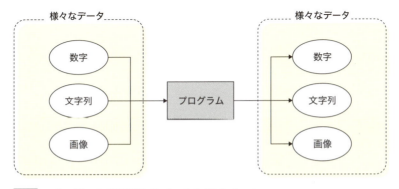

図1　プログラムが受け取るデータと返すデータ

プログラミング言語では、データは**変数**に入れて扱えます。変数は、データを一時的に保持しておくためのものです。データを変数に格納し、複数の変数を組み合わせて命令を記述することで、実際のデータを意識せずに複雑な命令が出せるようになります。

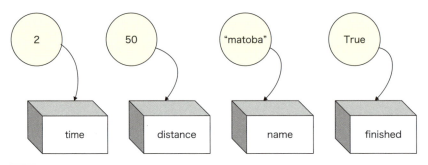

図2　変数とデータ

Pythonでデータを変数に入れる場合、`変数名 = データ` と書きます。変数名は、プログラミングを書く人がわかりやすい名前を設定できます。例えば `time` という変数に、3という数字を入れる場合は、`time = 3` です。Pythonを対話モードで起動して、入力してみましょう。入力が成功すると、何も表示されません。

実行結果

```
>>> time = 3
>>>
```

変数を作成したら、その変数に格納されているデータを確認しましょう。変数に格納されているデータを確認する場合、`print(変数名)` を使うと確認できます。対話モードの場合は、`time` と、変数名のみを入力しても確認できます。

実際に入力して確かめてみましょう。

実行結果

```
>>> print(time)
3
>>> time
3
```

入力に誤りがある場合 (SyntaxError)

Python でプログラミングをした際、入力した指示に誤りがあれば、エラーメッセージが表示されます。以下は、変数名に全角スペースを使った場合に表示されるエラーメッセージです。

実行結果
```
>>> time = 3
  File "<stdin>", line 1
    time = 3
        ^
SyntaxError: invalid non-printable character U+3000
```

この例では、全角スペースが含まれているため、エラーメッセージが表示されています。Python では、全角スペースを使うことができません。SyntaxError は、プログラムの文法に誤りがある場合に表示されるエラーメッセージです。

 エラーメッセージはあんまり見たくないなぁ…なんというかパニックになってしまうというか。

 プログラミング初心者は、エラーメッセージを怖がりますね。でも、エラーメッセージは怖くありません。プログラミング中のエラーメッセージは、コンピュータからプログラマーに向けたメッセージです。例えば、上記の例だと「SyntaxError」の後に書いてあるメッセージは読めますか？

 「invalid non-printable character U+3000」なので、出力表示できない無効な U+3000 という文字があるという意味でしょうか。

 そういうことになります。さらに親切に「^」でエラーの原因となっている部分を示してくれていますね。また、この時の U+3000 とは全角スペースを意味します。

 なんだか怒られている様で怖かったんですが、本当は親切に教えてくれていたんですね…今度からちゃんと確認して調べるようにします！

> **Tip 変数名に使える文字列**
>
> 変数に使える文字にも制限があります。
>
> 変数という概念は、Pythonだけでなく様々なプログラミング言語で存在します。ただし、変数名に使える文字列はプログラミング言語や、言語のバージョンにより異なります。では、Pythonではどうでしょうか。
>
> 執筆時点では、Python3.12が最新のバージョンになっています。Python2では変数名に日本語を指定できませんが、Python3では使えるようになっています。ただし、日本語の特定の漢字は使えない、全角と半角を見間違えやすい、全角スペースは使えないなど、予期せぬ誤りでプログラミングエラーに遭遇することもあるため、筆者としては基本的には半角英数字で変数名をつけることをオススメします。
>
> ちなみに、Pythonでの変数名は、`programming_language` と言ったように半角の英単語と `_` を利用することが一般的です。本書で記載のプログラムでもこの慣習に従って変数名をつけています。なお、変数名に数字を含むことはできますが、変数名の先頭に数字はつけられないので注意しましょう。（例：book1 は OK、1book は NG）
>
> なお、Pythonでは、PEP8と呼ばれるPythonのコーディング規約があります。エンジニアとしての実務でPythonプログラムを作成していく場合は、PEP8に従うのが一般的です。
>
> 参考 PEP 8 – Style Guide for Python Code
> https://peps.python.org/pep-0008/

変数に入れたデータで計算する

さて、変数の使い方はわかりましたね。コンピュータは、この変数に格納されているデータを使って計算を行うことができます。

それはなんとなくわかるんですが、わざわざプログラミングするんじゃなくてスマホで計算しちゃダメなんですか？

もちろん、1回限りの計算ならスマホで計算するのもよいでしょう。ただ、何度も計算する場合や、複数の数字が出てくる場合は、プログラミング言語を使って計算することで確認や再実行がしやすくなります。

なるほど！確かに複雑になるとスマホだと入力が面倒だし、パソコン上なら式をプログラムファイルで残しておいたりできるので便利ですね。

先ほどは変数にデータを入れる方法を学びました。データを変数に格納したのは、データをプログラムで扱いやすくするためです。次は、変数に格納したデータを計算に利用します。

ここでは、データとして移動距離と移動時間を指定して、そこから速度を算出してみましょう。ある車が90kmの距離を3時間で移動した場合の平均速度を計算する例を考えます。数式で表現すると次のようになります。

速度 ＝ 移動距離 ÷ 移動時間

計算式自体は単純ですね！
これをプログラミングで計算するためには、まずはさっき習った変数を使って、データを格納する…と。

これを実際にPythonでプログラムを書いてみましょう。以下のプログラムが記述例になります。実際にプログラムを実行してみてください。

```
distance = 90
time = 3
speed = distance / time
print(speed)
```

実際に対話モードで実行する場合は、1行ずつ入力が正しいことを確認していくとよいでしょう。

実行結果

```
>>> distance = 90
>>> distance
90
>>> time = 3
>>> time
3
>>> speed = distance / time
>>> speed
30.0
>>> print(speed)
30.0
```

`distance = 90` と `time = 3` は、それぞれ数値データを扱いやすくするために変数に格納しています。

distance は英語で距離を表し、time は時間です。3行目の `distance / time` で平均速度を計算しています。

ここで登場した `/` は、演算子と呼ばれ、割り算を行う際に使います。今回は、`distance`（距離）を `time`（時間）で割っています。このように、変数で計算式を作れば、計算式を再利用できるのです。

 式を再利用して計算してみよう①

それぞれの値を計算する Python プログラムを考えてみましょう。

- 100km の距離を 5 時間で移動した場合の平均速度はいくつですか？
- 50km の距離を 2 時間で移動した場合の平均速度はいくつですか？
- 120km の距離を 4 時間で移動した場合の平均速度はいくつですか？

Pythonでは、他にも演算子があります。例えば、数字を計算するための演算子として次のようなものがあります。

表1　Pythonにおける様々な演算子

演算子	説明	例	結果
+	足し算	6 + 2	8
-	引き算	5 - 2	3
*	掛け算	4 * 3	12
/	割り算	5 / 2	2.5
//	整数での割り算	7 // 2	3
%	余りの計算	7 % 2	1
**	累乗	5 ** 2	25

これらを活用して、より複雑な計算の例を考えてみましょう。

普段は、ある車で100kmの距離を2時間で移動できるとします。そして、現在、その移動の途中で25km進んだ地点にいます。さらに移動中に1時間の休憩をとる予定です。あと何時間で到着しますか？

数式を考えてみると次のようになります。

速度 = 移動距離 ÷ 移動時間
残距離 = 総距離 - すでに移動した距離
残移動時間 = 残距離 ÷ 速度 + 休憩時間

これをPythonで計算した例が以下となります。

実行結果

```
>>> total_distance = 100
>>> time = 2
>>> speed = total_distance / time
>>> travelved_distance = 25
>>> break_time = 1
>>> remaining_distance = total_distance - travelved_distance
>>> remaining_time = remaining_distance / speed + break_time
>>> print(remaining_time)
2.5
```

3行目までは前回のプログラムとほとんど同じで数字と変数名が変わっただけです。今回の場合は、総距離と残距離を区別するために、総距離は `total_distance` という変数名にしています。

4行目で、既に移動した距離を `travelved_distance` として、5行目で休憩時間を `break_time` として変数に入れました。その後、6行目で残距離 `remaining_distance` を計算し、7行目で残りの移動時間 `remaining_time` を計算しました。

ちなみに、可能な限り変数を利用せずに次のようにプログラムを書くことも可能です。

```
(100 - 25) / (100 / 2) + 1
```

平均速度の計算例は暗算でもできそうですが、このように数字が増えてくると少しずつ暗算では難しくなっていきます。また、変数を使わずにプログラムを書くと、プログラムのみを見た際に、それぞれの数字が何を表しているのかわかりません。

変数を活用して、データの意味をつけながらプログラムとして記述することで、複雑な計算をわかりやすく記述できます。また、変数を活用してプログラムを記述しておけば、前提となる時間や距離が変わった際も、変数に格納するデータの数字を変えることで同様の計算を行えるようになります。

このように式が複雑になってくると、電卓での計算は難しいですよね。プログラミングでは、複数の変数が混ざった複雑な式を定義できます。こうすることで、複雑な計算を繰り返しやすくなります。

 式を再利用して計算してみよう②

次の場合も計算してみましょう。

1. 休憩時間が3時間の場合はどうでしょうか？
2. 移動速度は同じで、距離が130kmの場合はどうですか？
3. 同じ距離を往復する場合は、何時間かかりますか？
4. 同じだけ休憩し、同じ速度で移動した場合、5時間以内に到着できる距離は何kmですか？

🚩 文字列を変数に入れる

おかげさまで数字を変数に入れて計算する方法がわかりました！

はい。それは良かったです。実は数字だけでなく、文字列も変数に入れて扱うことができます。

文字列？って何ですか？

文字列とは、「あ」や「い」など、各文字をつなげた文字の集まりのことです。例えば、「こんにちは」や「Python」といった文字列があります。順序を持った文字の塊です

では、文字列について詳しく見ていきましょう〜！

ここまで数字を変数に入れて扱ってきましたが、Python で扱えるデータは数字だけではありません。Python で扱えるデータは様々あるのですが、その全てを紹介していると日が暮れてしまいます。そのため、ここでは数字の他に重要なデータとして**文字列**を紹介します。

Python で変数に文字列を入れる場合は、少し工夫が必要です。例えば、`greeting` という変数にこんにちはという文字列を入れる場合、次のように書きます。

```
greeting = "こんにちは"
```

文字列を変数に入れた場合も、`print` を使えば数字と同じように中身を確認できます。

```
print(greeting)
```

Pythonでは `"` (ダブルクォーテーション) あるいは `'` (シングルクォーテーション) で囲まれた文字が文字列として扱われます。例えば、「こんにちは」を `"` あるいは `'` で囲まずに変数に入れようとすると、以下のように NameError が発生します。

実行結果

```
>>> greeting = こんにちは
Traceback (most recent call last):
  File "<stdin>", line 1, in <module>
NameError: name 'こんにちは' is not defined
```

また、文字列と文字列をつなぐときは、 `+` 演算子が使えます。

```
name = "ワタル 君"
greeting = "こんにちは"
message = name + greeting
print(message) # 出力：ワタル 君こんにちは
```

Try　文字列と変数をつかってみよう

次のようにプログラムを動かしてみましょう。

1. 「Python」という文字列を変数 `language` に入れてみよう。
2. 変数 `language` に Ruby という文字列を入れてみよう。
3. 文字列を作るときに `'` を使ってみよう。

Tip　コードコメント

Pythonでは、 `#` 以降の文字列はコメントとして扱われます。コメントはプログラムの中に書いておくことができ、プログラムの説明やメモを残すことができます。コメントはプログラムの実行には影響しません。

```
# これはコメントです
greeting = "こんにちは" # これもコメントです
```

🚩 プログラムの利用者がデータを入力する

ここまで、プログラムで数字と文字列を変数に入れて扱う方法を学びました。先のプログラムでは、変数に"こんにちは"などの固定のデータを入れていましたよね。固定のデータではなく、プログラム実行時に任意のデータを受け取って変数に入れられるとより便利です。

利用者がデータを入力できるんですか？

はい。利用者がデータを入力できるようにするには、input 関数を使います。

利用者がデータを入力できるようにするための、`input` 関数を紹介します。次のように記述して実行してみましょう。

```
name = input("名前を入力してください")
```

`input(...)` の `...` に指定した文字列が画面に表示され、利用者からのキーボードの入力待ちになります。利用者が文字を入力してエンターを押すと、入力した値が変数に格納されます。この例では、格納する変数の名前が `name` です。

```
>>> name = input("名前を入力してください")
名前を入力してください
```

name という変数には、利用者の入力した文字列が格納されています。その文字列を使って、別の文字列を組み立てることもできます。例えば、次のようなプログラムを実行してみましょう。

```
name = input("名前を入力してください")
message = name + "さん。こんにちは"
print(message)
```

```
>>> name = input("名前を入力してください ")
名前を入力してくださいワタル
```

⬇

```
>>> name = input("名前を入力してください ")
名前を入力してくださいワタル
>>> message = name + "さん。こんにちは"
>>> print(message)
ワタルさん。こんにちは
>>>
```

▲ユーザーの入力した文字列を利用している様子。

このように、利用者が入力した文字列を利用して、後続の処理を実行できます。

すごい！プログラムを作った後に、利用者がデータを入力できるんですね。これができると、作ったプログラムが色んな場所で使えますね。

はい。実際のアプリケーションでも、利用者が入力したデータをプログラムは変数に入れて様々な処理を実行しています。

なるほど。勉強になりました！変数ってとっても便利ですね。

この調子で変数マスターを目指しましょう！

 input を使ったプログラムを動かしてみよう

次のようにプログラムを修正してみましょう。

1. 利用者にキーボードから文字列を入力する際に「あなたの名前は？」と表示してみよう。
2. 利用者が入力した文字列を変数 `title` に入れてみよう。
3. 利用者が入力した文字列と、あらかじめ定義した文字列を組み合わせて、文字列を出力してみよう。

🚩 Discord Bot のメッセージを変更する

さて、変数とデータ、演算子、文字列と順に学んできました。いよいよこれらを使って Discord Bot を改造していきます。

待ってました！楽しみだなぁ。

ここまで Python のインタープリタでプログラミングを動かしてきました。次は、学んだことを利用して Discord Bot を修正してみましょう。

まず、Discord Bot を修正するため、Discord Bot のコードを見ましょう。現時点ではまだまだ知らない文法がたくさん含まれていると思います。

今回は、Discord Bot のコードで次の記載に注目してください。

app.py の一部
```
10    @bot.command()
11    async def hey(ctx):
12        await ctx.send("Hello World!")
```

この部分に Discord Bot への命令とその際の処理・応答が記載されています。この部分を修正、もしくは追記することで、Discord Bot の挙動を変更できます。現時点では全ての行を理解できないため、ここでは、今回学んだ変数の知識を使って Discord Bot の返答メッセージを変更してみてください。

上記の行を次のように修正します。

app.py の一部
```
10    @bot.command()
11    async def hey(ctx):
12        greeting = "こんにちは"
13        await ctx.send(greeting)
```

修正後のコードの全文は、サンプルコードの app1.py で確認できます。

修正後は、Discord Bot のプログラムを起動してください。起動方法は、Chapter3 で説明した方法と同じです。Discord Bot が起動したら、Discord にログインして、`>hey` と入力してみましょう。すると、返答が変わります。

変数 greeting に文字列「こんにちは」を入れているんですね。さっきまで文字列「Hello World!」だった部分が変数 greeting になっているから、そこがボットの返事として帰ってくるようになったってことか。

はい。そういうことです。次はもう少し複雑な動きをさせてみましょう。

いい感じですね！このペースでがんばれ～。

次は、以下のようにコードを修正してみましょう。

```
app.py の一部

10   @bot.command()
11   async def hey(ctx, name):
12       greeting = "こんにちは"
13       await ctx.send(greeting + name)
```

修正後のコードの全文は、サンプルコードの app2.py で確認できます。

そして、Discord Bot を再起動して、再び Discord から話しかけてみましょう。その際、メッセージは `>hey 山田くん` と入力してください。こうすると、メッセージは以下のように変わります

これは、変数 `name` に Discord Bot に送られた文字列が格納されているからです。このようにして、Discord Bot は受け取った文字列のデータを扱えます。

 Discord Bot の返事を変えてみよう

次のようにプログラムを修正してみましょう。

1. Discord Bot に `>hey` というコマンドを入力すると、「おはよう」と返答するようにしてみましょう。
2. Discord Bot に `>hey 山田くん` というコマンドを入力すると、「山田くん、おはよう！」と返答するようにしてみましょう。
3. Discord Bot に `>hey 佐藤くん` というコマンドを入力すると、「佐藤くん、今日はいい天気ですね！」と返答するようにしてみましょう。

 変数を使うだけでも色々できますね！この先がますます楽しみだな〜。

 こんな感じで①基本を学ぶ、② Discord Bot で試してみる、を繰り返していきます。どうしても躓いてしまったら、サンプルファイルを使ってみてください。

 失敗を恐れずにチャレンジしてみて〜！

様々なデータとデータ型

さっきは文字列でしたけど、数字を入力できるようにすれば、数字を入力して計算するプログラムも作れますね。

はい。ただ、その場合はデータ型を意識する必要があります。

データ型って何ですか？教えて下さい！

重要なところなのでしっかりおさえておきましょう！

ここまで Python では、数字と文字列という 2 つのデータを扱えることを学んできました。Python で扱えるデータはこの 2 つだけではありません。様々なデータを扱うことができます。

また、多くのプログラミング言語でも様々なデータを扱えますが、データを扱う際はデータの種類を意識する必要があります。このデータの種類を**データ型**といい、数字でも複数のデータ型があります。

ここでは Python の主なデータ型について紹介します。

表2 Python の主なデータ型

データ型	説明	例
int	整数を表すデータ型	10, -3
float	小数点を含む数値を表すデータ型	3.14, -0.001
str	文字列を扱うデータ型	"こんにちは", 'あ', 'a', "Python"
bool	真 (True) または偽 (False) のいずれかを表すデータ型	True, False

他にも複数の値を格納できるデータ型 `list` や、キーと値のペアを確認できるデータ型 `dict` など、様々なデータ型があります。これらのデータ型は次節で説明します。

データ型を確認するには、 `type` を使います。

```python
print(type(10)) #出力 <class 'int'>
print(type(3.14)) #出力 <class 'float'>
print(type("こんにちは")) #出力 <class 'str'>
print(type(True)) #出力 <class 'bool'>
```

先ほど解説した `input` で入力されたデータは、文字列として扱われます。

そのため次のようなプログラムを実行すると、数字を入力しても文字列として扱われます。例えば、20 と入力しても、20 という文字列として扱われます。文字列として扱われるため、数字として計算することができません。

```python
age = input("年齢を入力してください:")
print(type(age)) #出力: <class 'str'>
result = age + 10 #出力: エラー
```

実際に対話型プロンプトで実行すると以下のようになります。

実行結果

```
>>> age = input("年齢を入力してください:")
年齢を入力してください:10
>>> print(type(age))
<class 'str'>
>>> age
'10'
>>> result = age + 10
Traceback (most recent call last):
  File "<stdin>", line 1, in <module>
TypeError: can only concatenate str (not "int") to str
```

うわ！はじめて見るエラーだ…さっき教わった str と int が表示されているし、データ型に関するエラーなのかな？

だんだんエラーを読めるようになってきましたね。今回表示されている TypeError は、データ型に関するエラーで表示されます。

Tip TypeError

TypeError は、指定した型に誤りがある場合に発生するエラーです。エラーメッセージの「can only concatenate str (not "int") to str」は直訳すれば、「str は str とのみ連結できる（str は int と連結できない）」であり、エラーの詳細を説明しています。

エラーが発生した際は、エラーの種類や合わせて表示されるエラーメッセージをきちんと確認することがプログラミング上達の一歩となります。

なお、TypeError のように、Python の文法に関連して発生するエラーの多くは、Python の公式ドキュメントで確認できます。

参考　Python 公式ドキュメント > 組み込み例外
https://docs.python.org/ja/3/library/exceptions.html

なるほど〜。input で入力されたデータは文字列として扱われるんですね。たしかに文字で計算はできないですもんね。

Discord Bot が受け取ったデータは文字列として扱われます。プログラムでは様々なデータ型を扱えますが、プログラミングの際にはデータ型を意識してプログラムを書くことで予期せぬエラーや結果を防止できます。

わかりました！データ型を意識してプログラムを書くことが大事なんですね。次はどうすれば文字列を数字に変換して利用できるのか教えて下さい。

文字列を数字に変換するには、`int` や `float` を使います。

```python
age = input("年齢を入力してください")
age = int(age)
print(type(age))  # -> <class 'int'>
result = age + 10
print(result)  # -> 20 を入力した場合、30
```

Python は 1 行ずつ処理されるから、まずはユーザーの入力を変数 age に入れて、このままだと入力された数字は文字列だから…。

2 行目で変数 age の中身を数字にするために int を使っていますね。
3 行目はデータ型を確認するために type を使っています。

だんだんと Python コードの読み方がわかってきました！

すごいすごい！コツがつかめたみたいですね〜。

> **Tip データ型についてもっと知りたい**
>
> Python では様々なデータ型が存在しています。本書で紹介した以外にも様々なデータ型があり、Python 公式ドキュメントでも紹介されています。余裕があれば、確認しておきましょう。
>
> 参考　Python 公式ドキュメント > データ型
> https://docs.python.org/ja/3/library/datatypes.html#data-types
>

プログラミングでは、数字や文字列といったデータをコンピュータに提示しながら指示を出します。これらのデータはそのまま入力して機械に伝えることもできます。すでに入力されたデータを組み合わせたり、加工して利用できることを学びましょう。

繰り返しになりますが、プログラムはデータを受け取って処理を行い、その結果としてデータを返します。受け取るデータや結果として返すデータは、様々な データ型で表せます。そのため、プログラムを書くときは、データを意識してプログラムを書くことが大事です。

次は、受け取ったデータをどのように処理できるかを説明しましょう。その次に、様々なデータ型を学び、プログラムでできることの幅を広げていきましょう。

SECTION 2 リスト

🚩 複数のデータを1つの変数にまとめる

データ型は他にもあるとの話がありましたが、他にはどんなものがあるんですか？

そうですね。順番に解説していきましょうか。
まずは複数の値を格納できるデータ型である list からはじめます。

複数の値ですか？なんだか難しそうですね…
とりあえず、これまで通り優しく教えて下さい！

ここまでとってもいい感じ！自分のペースで学習していきましょう。

次は、複数のデータを1つにまとめる方法としてのリスト `list` を学んでいきましょう。リストもデータ型の1つであり、複数のデータを1つにまとめるデータ型です。

プログラムを作っていく中で、複数のデータを扱いたい場面があります。しかし、それらのデータ1つ1つに変数名を割り当てて、個別に管理していくのは大変です。このような場合、データをまとめる方法があります。その方法の1つがリストです。

例えば、本棚に3冊の本があったとします。それぞれ「Pythonプログラミングブック」、「Pythonのエンジニアになるには」、「プログラマーのお仕事」というタイトルの場面を考えます。これらの本のデータを Python で扱う場合、どうすればよいでしょうか。

まずは、リストを使わずに 1 つずつ変数に格納する例を考えてみましょう。その場合、次のようになります。

```
book1 = "Python プログラミングブック"
book2 = "Python のエンジニアになるには"
book3 = "プログラマーのお仕事"
```

この方法では、必要な変数がどんどん増えていきます。変数が増えると管理は大変になり、煩雑さが増すことで、修正ミスも発生しやすくなります。

そこで、これらの本を 1 つの変数 `books` としてまとめて管理したいと考えます。このような場合に、Python のリストを使用できます。以下のように、リストを使用して複数の本を 1 つの変数に格納してください。

```
books = ["Python プログラミングブック", "Python のエンジニアになるには", "プログラマーのお仕事"]
```

あれ？リストの時は勝手にリストだと認識してくれるんですか？

いいえ。リストにも書き方のルールがあります。
では、リストの書き方を詳しく説明していきますね。

リストは、複数のデータをカンマ `,` で区切って格納し、角括弧 `[]` で囲んで定義します。今回のリスト book には、3 つの str 型のデータを格納しましたが、より多くの数のデータを格納できます。なお、リストには、異なるデータ型を混在させることもできます。

```
data = [1, 2, "Python", 3.14, True]
```

この例では、1 と 2 が int 型、"Python" が str 型、3.14 が float 型、True が bool 型です。それらを `data` という名前のリストに格納しています。

リストの要素にアクセスする

リストの書き方はばっちりです！そういえば、リストの中身ってどうやって取り出して利用するんですか？

いいところに気付きましたね。リストの中身は要素と呼びます。次はリストと要素の使い方を解説していきます。

よろしくお願いします！

リストに格納した各データは要素と呼ばれます。リストの中の要素は、位置を数字で指定できます。リストの1つ目の要素の位置は0、その次の要素の位置が1、その次が2と表します。

例えば ["Python プログラミングブック", "Python のエンジニアになるには", "プログラマーのお仕事"] といったリストの場合、"Python プログラミングブック" の位置は0です。"プログラマーのお仕事" は2となります。また、要素の位置のことを**インデックス**と呼びます。

図5　リストに格納された要素とそのインデックス

リストに保存したデータは、インデックスを指定してアクセスできます。指定方法は **リスト名[インデックス]** といった形式になります。books リストの各要素にアクセスする例が次のようになります。

```
books = ["Python プログラミングブック", "Python のエンジニアになるには", "プロ
グラマーのお仕事"]
print(books[0])  # 出力：Python プログラミングブック
print(books[1])  # 出力：Python のエンジニアになるには
print(books[2])  # 出力：プログラマーのお仕事
```

実際に実行すると以下のようになります。

実行結果

```
>>> books = ["Python プログラミングブック", "Python のエンジニアになるには", "
プログラマーのお仕事"]
>>> print(books[0])  # 出力：Python プログラミングブック
Python プログラミングブック
>>> print(books[1])  # 出力：Python のエンジニアになるには
Python のエンジニアになるには
>>> print(books[2])  # 出力：プログラマーのお仕事プログラマーのお仕事
```

また、リストの一部をまとめて取り出すこともできます。この操作を、スライスと呼びます。取り出したい要素の直前のインデックスと `:` を指定することでスライスできます。例えば、`books` リストの2番目から最後までの要素を取り出すには、次のようにします。

```
books = ["Python プログラミングブック", "Python のエンジニアになるには", "プロ
グラマーのお仕事"]
print(books[1:])  # 出力：["Python のエンジニアになるには", "プログラマーのお仕事
"]
```

ちょっと意地悪な質問です。例えば、1 から 10 までの数字が順に格納されているリスト、numbers があったとします。スライスで 4 から 7 を取り出したい場合、どう書けば良いでしょうか？

えっと、インデックスの最初が 0 だから… numbers[3:6] でしょうか！

正解です！ちゃんと理解できているようですね。

なお、インデックスは数値で指定します。変数を利用して指定することもできます。

```
index = 1
books = ["Python プログラミングブック", "Python のエンジニアになるには", "プロ
グラマーのお仕事"]
print(books[index]) # 出力：Python のエンジニアになるには
```

🚩 リストに要素を追加する

すでに作成済みのリストに要素を追加できます。その場合は、`append()` を利用して、次のようにします。

```
books = ["Python プログラミングブック", "Python のエンジニアになるには", "プロ
グラマーのお仕事"]
books.append("Django 入門")
print(books) # 出力：['Python プログラミングブック', 'Python のエンジニアになるに
は', 'プログラマーのお仕事', 'Django 入門']
books.append("Django 応用")
print(books) # 出力：['Python プログラミングブック', 'Python のエンジニアになるに
は', 'プログラマーのお仕事', 'Django 入門', 'Django 応用']
```

`append()` を使えば、作成済のリストに要素を追加できます。

> **Tip オブジェクトとメソッド**
>
> 上記の例では、books という変数の後に `.append()` を指定しました。
>
> この書き方は、books という変数に対して、`.append()` というメソッドを実行することを意味します。この書き方の詳細は、オブジェクトとメソッドを解説する、Chapter4 Section7 で説明します。

🚩 複数のリストを結合する

リストから要素を取り出したり、要素を追加したり・・・いろいろな使い方がありそうですね！

複数のリストを合体することもできます。実際にやってみましょうか。

複数のリストを使って、新しいリストを作ることができます。次のようにします。

```python
books1 = ["Python プログラミングブック", "Python のエンジニアになるには"]
books2 = ["プログラマーのお仕事", "Django 入門"]
books = books1 + books2
print(books) # 出力：["Python プログラミングブック", "Python のエンジニアになるには", "プログラマーのお仕事", "Django 入門"]
```

このようにリストを活用すれば、複数のデータを1つの変数にまとめて管理できます。

リストという同じデータ型なら文字列のように足し算ができるということですか？

そういうことになります。ただし、注意してほしいのがリストの引き算はできません。リストから要素を消すには別の方法を使います。

確かにリストから要素を取り出すといっても、もともとのリストは変わってないですもんね。分かりました！

どんどん実際に動かして試してみよう〜！

Tip リストの引き算

リストは、引き算できません。実際に試してみると、エラーが発生します。TypeError は、データの型に関するエラーです。エラーメッセージ unsupported operand type(s) for -: 'list' and 'list' に記載されているようにリスト同士の引き算はサポートされておらず、エラーが発生します。

実行結果

```
>>> books1 = ["Python プログラミングブック", "Python のエンジニアになるには"]
>>> books2 = ["プログラマーのお仕事", "Django 入門"]
>>> books = books1 - books2  # エラー
Traceback (most recent call last):
  File "<stdin>", line 1, in <module>
TypeError: unsupported operand type(s) for -: 'list' and 'list'
```

リストの要素を削除したい場合は、いくつかの方法があります。例えば、指定した値を取り除く `remove` や指定した位置の値を取り除く `pop` があります。

詳細は、本書では説明しないため、Python 公式ドキュメントを参照してください。

参考 Python 公式ドキュメント > 5. データ構造 > 5.1. リスト型についてもう少し
https://docs.python.org/ja/3/tutorial/datastructures.html#more-on-lists

84

🚩 Discord Bot でリストを使った応答を返す

さて、リストの基本的な使い方についてはしっかり理解できたと思います。このリストを使って Discord Bot を拡張しましょう。

さっきよりいろんなことができそうですね！早速お願いします。

次はリストの考え方を使って、Discord Bot を修正してみましょう。
今回は、数字を指定するとその数字を 5 で割った余りをもとにして、対応する名言を返す Discord Bot を作成します。次のような仕組みを考えましょう。

- 余りが 0 の場合の応答は「失敗は成功のもと (トーマス・エジソン)」
- 余りが 1 の場合の応答は「千里の道も一歩から (老子)」
- 余りが 2 の場合の応答は「今できることから始めよう (マザー・テレサ)」
- 余りが 3 の場合の応答は「未来は自分の創るもの。(アブラハム・リンカーン)」
- 余りが 4 の場合の応答は「自分に正直であれ (シェイクスピア)」

Discord Bot のプログラムで Discord Bot への命令を次のように修正します。

```python
# app3.py の一部
@bot.command()
async def meigen(ctx, number):
    quotes = [
        "失敗は成功のもと ( トーマス・エジソン )",
        "千里の道も一歩から ( 老子 )",
        "今できることから始めよう ( マザー・テレサ )",
        "未来は自分の創るもの。( アブラハム・リンカーン ) ",
        "自分に正直であれ ( シェイクスピア )",
    ]
    index = int(number) % 5
    await ctx.send(quotes[index])
```

修正後のコードの全文は、サンプルコードの app3.py で確認できます。

そして、Discord Bot を起動して `>meigen` 数字の形式でボットに命令を送ります。すると、話しかけた回数ごとに Discord Bot の返答が変わっていくのが確認できます。

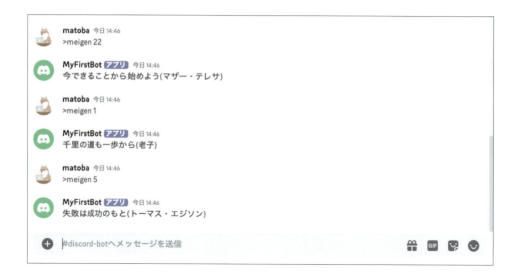

だんだんとボットっぽくなってきましたね!ぜひプログラムの解説をお願いします。

はい。では今回のプログラムを解説していきます。

10 行目の `@bot.command()` は、その次の関数が Discord Bot のコマンドとして認識されることを示します。関数については、本章の後半で詳しく説明します。

また、11 行目の `async def meigen(ctx, number):` は、`meigen` というコマンドを定義しています。この定義の意味は関数に関する説明の際に詳しく説明しますが、このコマンドは、`number` という引数を受け取ります。`number` は、str 型です。

12 行目の `quotes` は、名言をリストとして定義しています。19 行目の `index = int(number) % 5` は、`number` という str 型の引数を int 型に変換し、それを 5 で割った余りを index として定義しています。20 行目の `await ctx.send(quotes[index])` は、`quotes` リストの `index` 番目の要素を Discord に送信します。

このような仕組みで Discord Bot の返答が変わっていきます。

Tip リストを複数行で記述する

リストが長くなる場合、複数行で記述することもできます。リストの要素を
カンマで区切って記述し、角括弧 [] で囲みます。また、インデントを揃えることで、リストの要素が見やすくなります。

```python
quotes = [
    "失敗は成功のもと（トーマス・エジソン）",
    "千里の道も一歩から（老子）",
    "今できることから始めよう（マザー・テレサ）",
    "未来は自分の創るもの。(アブラハム・リンカーン) ",
    "自分に正直であれ（シェイクスピア）",
]
```

Tip リストの要素数を超えるインデックスを指定した場合

リストの要素数を超えるインデックスを指定すると、エラーが発生します。
IndexError は、インデックスの範囲外を指定した場合に発生するエラーです。リストにインデックスを指定する場合は、要素数を意識してプログラミングしましょう。

実行結果

```
>>> quotes = [
...     "失敗は成功のもと（トーマス・エジソン）",
...     "千里の道も一歩から（老子）",
...     "今できることから始めよう（マザー・テレサ）",
...     "未来は自分の創るもの。(アブラハム・リンカーン) ",
...     "自分に正直であれ（シェイクスピア）",
... ]
>>> quotes[7]
Traceback (most recent call last):
  File "<stdin>", line 1, in <module>
IndexError: list index out of range
```

SECTION 3 繰り返し

リストを使うとプログラムの動きをかなり自動化できそうですね！たとえば、リストの中身を順番に取り出して計算するとかってどうやるんですか？

次はリストを利用して繰り返しの処理をやってみましょうか。

リストを学んだら、次はそのリストに対して、同じ操作を適用してみましょう。コンピュータの強みの1つは、同じ作業の繰り返しを人間が行うことなく効率的に実行できることです。人間が同じ作業を繰り返すと疲れでミスが発生しやすくなっていきますが、コンピュータは同じ処理を何度でも正確に繰り返すことができます。

🚩 for 文で繰り返しを表現する

リストの各要素に対して1つずつ処理を行うためには、Pyhton では for 文という構文を使用します。for 文を使うことで、リストの各要素を1つずつ取り出し、それぞれに対して処理を適用できます。for 文の書き方は次のようになります。

```
for 変数名 in リスト:
    繰り返し処理
```

リストに格納されている要素が1つずつ、変数名で指定した変数に格納されます。それぞれに対して、インデントで表された繰り返し処理で実行されます。Python では、インデントは、半角スペース4つで表すのが一般的です。具体的なコードは次のようになります。

```
books = ["Python プログラミングブック", "Python のエンジニアになるには", "プログラマーのお仕事"]
for book in books:
    print(book)
```

これを、Python の対話モードで実行するとこのようになります。

実行結果

```
>>> books = ["Python プログラミングブック", "Python のエンジニアになるには", "プログラマーのお仕事"]
>>> for book in books:
...     print(book)
...
Python プログラミングブック
Python のエンジニアになるには
プログラマーのお仕事
```

リストに含まれる本の名前を1つずつ取り出して表示しています。

Python では、`for 変数名 in リスト:` という形で繰り返し処理を定義できます。この命令では、`books` というリストに含まれる文字列を1つずつ取り出して、`book` という変数に代入しています。そして、その `book` を `print(book)` で表示しています。

このように、for 文を使うことで、リストの各要素に対して同じ処理を繰り返し適用できます。

Python では、繰り返しの範囲をインデントで表現します。次のように書けば、`message = book + "を読みました。"` と `print(message)` が繰り返し処理の中で実行されます。

```
for book in books:
    message = book + "を読みました。"
    print(message)
```

Tip　繰り返し構文とインデント

Python 以外のプログラミング言語でも、 `for` は繰り返しを示す用語として扱われます。また、繰り返し文を定義する場合、どこからどこまでを繰り返すか、を明示します。この繰り返し範囲の明示方法は、プログラミング言語によって異なります。

Python の場合は、インデントで繰り返し範囲を明示します。インデントとは、行頭に半角スペースを入れることで、その行がどのブロックに属するかを示すものです。なお、Python の文法としては、インデントは半角スペース 1 つ以上であれば、動きます。

そのため、インデントのスペース数は 2 つでも 3 つでも 4 つでも動作します。ただ、Python プログラムのマナーとしては、インデントは 4 つで統一するのが一般的です。実務における Python プログラミングでは、インデントのスペース数を統一することで、読みやすいコードを書くことが大切になります。

参考　PEP 8 -- Style Guide for Python Code
https://peps.python.org/pep-0008/

for で指定の回数だけ繰り返す

プログラム上の変えたい内容をあらかじめリストに集めておいて、1 回分のコードを書けば繰り返してもらえるなんて、リストは for と相性が良いですね。

そのとおり。ただし、繰り返しは必ずしもリストが必要という訳ではありません。今度は繰り返す回数を指定してみましょう。

なるほど！確かにそっちの方が使うことが多そうですね。どうやるんでしょうか？

特定の回数を繰り返すには range 関数が使えますよ。

for 文の活用はリストの中にある要素に対して処理をするだけではありません。例えば、リストに限らず指定した回数を繰り返すことに利用できます。指定した回数だけ繰り返して実行するプログラムを次のように記載できます。

```python
for _ in range(5):
    print("こんにちは")
```

`range(数字)` と記載することで、数字の数だけ繰り返し処理を実行できるようになります。

実行結果

```
>>> for _ in range(5):
...     print("こんにちは")
...
こんにちは
こんにちは
こんにちは
こんにちは
こんにちは
```

こんにちは こんにちは こんにちは・・・ちょっとこのプログラムは怖いなぁ。

…ホラーな感じのボットができちゃいましたね。

for 文には、ここで紹介していないような使い方も存在します。例えば、特定の条件を満たすときに繰り返しを中断・終了する方法もあります。

より詳細な文法や使い方は Python の公式ドキュメントを参照してみてください。

参考　Python 公式ドキュメント > 4. その他の制御フローツール > 4.2. for 文
https://docs.python.org/ja/3/tutorial/controlflow.html#for-statements

> **Tip** for の変数名と _（アンダーバー）
>
> 前述のプログラムでは、変数名に `_` を利用していました。`for` の変数名は、`_` ではなく `book` や `i` という風に、任意の変数名を設定することができます。ただ、上記の例では、あえて `_` という変数名を指定しています。
>
> エンジニアの実務における Python プログラミングでは、実際に利用しない変数名に `_` を指定する慣習があります。実務におけるプログラミングでは、コードの各行や各文字について、「なぜ、そう書くのか」を意識しながら書いていきます。変数名についても、1つ1つ意味のある名前をつけていくことで、プログラミングにおけるミスを減らせます。
>
> また、for 文で繰り返しを定義する際のように「実際に利用しないものの、変数名を定義する必要がある変数」もあります。そのような場合、「この変数はどこからも参照しない」ということを明示するために、`_` を変数名に使います。このような工夫は、実務で Python プログラミングを行なっていく際に遭遇する工夫なので、知っておくとよいでしょう。

🚩 Discord Bot で for 文を使ってみよう

では for 文も Discord Bot を使って試してみましょう。リストの中から繰り返し取り出すという動きをするプログラムにします。

ここで学んだ for 文とリストを使って、Discord Bot を修正してみましょう。

ここでは話しかけると複数回の発言をする Discord Bot を作りましょう。これまで作ってきた Discord Bot のプログラムの命令部分を次のように修正してください。

appy4.py の一部

```python
10  @bot.command()
11  async def morning(ctx):
12      messages = ["おはようございます。","いい天気ですね","今日も一日頑張りましょう！"]
13      for message in messages:
14          await ctx.send(message)
```

修正後のコードの全文は、サンプルコードの app4.py で確認できます。

リストの考え方を使って、Discord Bot を修正しました。今回の Discord Bot は、話しかけると 3 回発言します。次の 3 つのメッセージを投稿します。

- おはようございます。
- いい天気ですね
- 今日も一日頑張りましょう！

Discord Bot を起動して、この Discord Bot に と話しかけるとこのように返答があります。

このようにして、 `for` を活用することで、データの集まりをリストとしてまとめて扱うことができます。

SECTION 4 if 文

リストと繰り返しだけでも結構本格的なプログラムができそうですね！他にはどんな構文があるんですか？

次は if 文を解説します。英語で「もし○○だったら～」と訳されるように、if 文は特定の状況を指定するのに使います。

めちゃくちゃプログラムっぽいですね！どんな Bot になるんだろう。

Bot に組み込んで動かしてみるのが今から楽しみですね～。

変数や繰り返し文を覚えたら、次は if 文を覚えましょう。if 文は、特定の状況のみ処理を実行したい場合に使用できる構文です。if 文を覚えることで、特定のデータが入力された場合にのみ処理を実行できます。

if 文は、Python 公式ドキュメントでも説明されているため、リンクを紹介しておきます。

参考　Python 公式ドキュメント > 4. その他の制御フローツール > 4.1. if 文
https://docs.python.org/ja/3/tutorial/controlflow.html#if-statements

本書ではより具体的な例を交えて if 文の使い方を学んでいきます。

🚩 if 文で特定の要素のみ処理する

if 文を書く場合、条件式と処理内容を記述します。if 文は次のような構文になります。条件に一致する場合の処理は、インデントをすることで表現します。

```
if 条件式：
    命令文
```

実際のコード例は次のようになります。この例では、`weather` という変数に格納されている値が晴れと同じ文字列の場合、インデントの中の `print("遊びに行く")` が実行されます。

```
weather = "雨"
if weather == "晴れ":
    print("遊びに行く")
```

以下が実行例です。`weather` が雨の場合は、条件に一致しないので何も表示されません。`weather` が晴れの場合は、条件に一致するため「遊びに行く」が表示されています。

実行結果

```
>>> weather = "雨"
>>> if weather == "晴れ":
...     print("遊びに行く")
...
>>> weather = "晴れ"
>>> if weather == "晴れ":
...     print("遊びに行く")
...
遊びに行く
```

if 文の条件を満たさない場合でもエラーが出るわけじゃないんですね。あと「==」ってはじめて見た気がします。

はい。if 文の条件を満たすかどうかを見ているためです。ここで重要になってくるのが条件式と「==」です。

Tip　if 文のポイント

if 文の条件の後には `:` が必要です。`:` を忘れた場合、SyntaxError が発生します。SyntaxError は Python の文法に関するエラーを示しています。

以下がエラーの具体例です。

実行結果

```
>>> if weather == "晴れ"
  File "<stdin>", line 1
    if weather == "晴れ"
                        ^
SyntaxError: expected ':'
```

if 文も for 文と同じく、条件が満たされた時の処理の塊をインデントで表します。Python ではインデントを利用して条件の範囲内であることを示します。また、インデントした範囲のことをブロックと呼び、条件が満たされた場合はブロック内の処理が順次に実行されます。

上記のケースでは、`weather == "晴れ"` が条件式です。`weather` という変数に格納されている値が晴れと同じ文字列かを確認しています。

Python ではデータを `==` で繋ぐと、True / False の結果を得られます。True / False の結果が得られる式を条件式と言います。if 文では True の場合、条件に一致したものと見なされます。

Try　if 文を使ったプログラムを動かしてみよう

次のようにプログラムを動かしてみよう。

1. `weather` に格納されている文字列を別の文字列に変更してみよう
2. if の条件に指定する文字列を別の文字列に変更してみよう
3. 条件に利用する変数を `weather` 以外の文字列として if 文を書いてみましょう

比較演算子

先ほど `==` で値を比較する条件式が登場しました。`==` は比較演算子の1つです。他にも条件式を記述するための比較演算子があるため、以下に紹介しておきます。

表3 条件式を記述するための比較演算子

演算子	説明	例	結果
==	等しい	5 == 5	True
		5 == 3	False
!=	等しくない	5 != 3	True
		5 != 5	False
>	より大きい	5 > 3	True
		3 > 5	False
<	より小さい	3 < 5	True
		5 < 3	False
>=	以上	5 >= 5	True
		3 >= 5	False
<=	以下	3 <= 5	True
		5 <= 3	False

🚩 if 文で条件に一致しない場合に処理する

 if 文の基本的な使い方はわかったと思うので、次は条件に一致しなかった場合の処理も追加してみましょう。

 さっきは条件を満たさないと何も表示されませんでしたね。どうすれば条件に一致しないときの処理を記述できるんですか？

 条件に一致しないときの処理には else が使えますよ。

if文を使って条件に一致する場合に、処理することができました。条件に一致しない場合の処理も記載できます。その場合、次のように書きます。

```
if 条件式:
    命令文
else:
    命令文
```

条件に一致しない場合、`else`で記載された命令が実行されます。

以下が具体例になります。

```
delay = 10
if delay > 15:
    print("別の路線を使う")
else:
    print("いつもの路線を使う")
```

実行例は次のようになります。

実行結果

```
>>> delay = 10
>>> if delay > 15:
...     print("別の路線を使う")
... else:
...     print("いつもの路線を使う")
...
いつもの路線を使う
>>> delay = 30
>>> if delay > 15:
...     print("別の路線を使う")
... else:
...     print("いつもの路線を使う")
...
別の路線を使う
```

この例では、`delay` に入っている数字が 15 を超えていたら、別の路線を使うを表示します。15 以下の場合は、いつもの路線を使うと表示します。このように条件に一致しない場合の処理を記載できます。

> **Tip** IndentationError
>
> 1つの条件の中で、複数の命令を記述することもできます。ただし、複数の命令を記述する場合、インデントの数は揃える必要があるため、注意しましょう。インデントの数がずれていると、IndentationError が発生します。
>
> **実行結果**
>
> ```
> >>> delay = 30
> >>> if delay > 15:
> ...     print("別の路線を使う")
> ...     print("遅延証明書をもらう")
> ...
> 別の路線を使う
> 遅延証明書をもらう
> >>> if delay > 15:
> ...     print("別の路線を使う")
> ...      print("遅延証明書をもらう")
> ...
>   File "<stdin>", line 3
>     print("遅延証明書をもらう")
> TabError: inconsistent use of tabs and spaces in indentation
> ```
>
> 上記の例では、`print("遅延証明書をもらう")` のインデントにずれがあるため、IndentationError が発生しています。

🚩 複数の条件を含む if 文で処理する

 If 文に else を使うことで、条件をもとに結果を返すプログラムの仕組みがわかりました。これってもしかして、もっと細かく条件を指定できたりするんですか？

 はい。今度は複数の条件を持った if 文を書いてみましょう。ここまでに解説してきたブロック構造とインデントに注意してくださいね。

複数の条件を含む if 文も作成できます。その場合、`elif` を利用して、次のように記載します。

```
if 条件式:
    命令文
elif:
    命令文
else:
    命令文
```

以下は、複数の条件を含む if 文の例です。

```
hour = 11
if hour > 17:
    print("こんばんは")
elif hour > 10:
    print("こんにちは")
else:
    print("おはよう")
```

実行例は次のようになります。

実行結果

```
>>> hour = 11
>>> if hour > 17:
...     print("こんばんは")
... elif hour > 10:
...     print("こんにちは")
... else:
...     print("おはよう")
...
こんにちは
```

この例では、以下のように判定が進みます。この例では、`hour` が 17 より大きければ「こんばんは」、10 より大きく 17 以下であれば「こんにちは」、いずれにも当てはまらなければ、「おはよう」が表示されます。一箇所に一致すれば、そのブロックが実行されます。

🚩 for 文と if 文を組み合わせる

elif を使えば手間はかかりますけど、何でもできそうですね！

そうですね。ただ、プログラムを作る際には効率よく処理されるかという点も重要です。次は for 文を組み合わせて、さらに複雑なプログラムに挑戦しましょう。

if 文は、for 文と組み合わせることでより複雑な処理を書くことができます。

例えば、本のタイトルのリストがあるとします。このリストの中から「Python」という文字が含まれるタイトルのみを処理したい場合、if 文を使うと効率的に処理を行うことができます。以下が例になります。

```python
books = ["Python プログラミングブック", "Python のエンジニアになるには", "プログラマーのお仕事"]
for book in books:
    if "Python" in book:
        print(f"Python の本として「{book}」があります。")
```

実行例は以下です。

実行結果

```
>>> books = ["Python プログラミングブック", "Python のエンジニアになるには", "プログラマーのお仕事"]
>>> for book in books:
...     if "Python" in book:
...         print(f"Python の本として「{book}」があります。")
...
Python の本として「Python プログラミングブック」があります。
Python の本として「Python のエンジニアになるには」があります。
```

今回は、 `"Python" in book` という表現が登場しました。これは、 `book` という変数に格納された文字列に `Python` という文字列が含まれているかどうかを確認する条件式です。

文字列に変数を埋め込む f-string

Python では、文字列に変数を埋め込む際に便利な f-string という文法があります。

 Python 公式ドキュメント フォーマット済み文字列リテラル
https://docs.python.org/ja/3.8/tutorial/inputoutput.html#tut-f-strings

文字列の定義において、文字列の先頭に f か F を付け、 {変数名} と書くことで、Python の変数値を文字列の中に入れ込めます。また、変数だけでなく式そのものを埋め込むことも可能です。文字列を出力する際に、便利な文法になりますので、覚えておくことをオススメします。以下は実際の実行です。

文字列を埋め込む例

実行結果

```
>>> name = "matoba"
>>> message = f"Hello {name}"
>>> print(message)
Hello matoba
```

式を埋め込む例

実行結果

```
>>> print(f"1 + 1 = {1 + 1}")
1 + 1 = 2
```

 if 文と for 文を使ったプログラムを動かしてみよう

次のようにプログラムを動かしてみよう。

1. `"Python"` が文字列に含まれていない場合に、「この本は Python の本ではありません」と表示しましょう。
2. リストの中に追加で要素を入れて動かしてみましょう。
3. `"プログラマー"` という文字列が含まれる本を探してみましょう。

Discord Bot で if 文を使ってみよう

では、まとめとして Discord Bot を使って実践してみましょう。今回は Discord Bot に入力された文字列を変数として取得し、条件に合っていれば決まった回答を返す処理を行うプログラムです。

わかりました！工夫すれば定型的な会話もできちゃいそうですね。

この Section のまとめとして、if 文を利用して Discord Bot を修正してみましょう。次のようなコンセプトの機能を作ります。

- 「おはよう」と送ると「おはよう」と返す
- 「こんにちは」と送ると「こんにちは」と返す
- それ以外を送ると「なんですか？」と返す

Discord Bot のプログラムの命令部分を次のように修正します。

```python
app5.py
10  @bot.command()
11  async def talk(ctx, message):
12      if message == "こんにちは":
13          await ctx.send("こんにちは")
14      elif message == "おはよう":
15          await ctx.send("おはよう")
16      else:
17          await ctx.send("なんですか？")
```

修正後のコードの全文は、サンプルコードの app5.py で確認できます。

そして、Discord Bot を起動して `>talk` と「こんにちは」、「おはよう」、それ以外の言葉で話しかけてみましょう。すると、話しかけた文字列に反応して、Discord Bot の返答が変わっていくのが確認できます。

実際に動かしてみるとこのように動きます。

else を設定して、当てはまらないときの処理があると Bot の完成度が高く感じますね！

気に入ってくれたみたいですね。何よりです。この調子で学習を進めていきましょう。

自分で作ったって考えると愛着がわいてきました！勉強してもっといろいろできるようにしてあげたいなぁ。

プログラミングの楽しさを感じてもらえたみたいですね。とってもいい感じ！

 Discord Bot をさらに修正してみよう

次のようにプログラムを動かしてみよう。

1. `>talk おやすみ` と送信すると「おやすみ」と返ってくるようにしてみましょう。
2. `>talk と文字列` を送信すると、送信した文字列が返って来るようにしてみましょう。

SECTION 5 関数

さて、次に学ぶのは関数についてです。関数は複雑な処理を効率的に行うのに必須ですのでしっかりマスターしておきましょう。

だんだんとプログラムがごちゃごちゃしてきた感じがしてました。
…関数を使うと、どんなことができるんですか？

はい。関数はいくつかの処理をまとめておいて、それらの処理の再利用が可能になります。

既にリスト、繰り返し、条件文について学びました。これで、より複雑な処理をコンピュータに任せられるようになりました。次に、これらの処理を効率的に再利用するために、関数について学びましょう。

処理を関数に入れて扱う

関数は、一連の処理を再利用するために名前をつけて利用する仕組みです。一連の処理に名前をつけることで処理内容が把握しやすくなります。関数を利用することで処理が再利用可能になり、プログラムを拡張しやすくなります。

もっとも簡単な関数の構文は以下です。

```
def 関数名():
    処理
```

`def` は関数を定義するためのキーワードです。関数名は、その関数につける任意の名前です。プログラムの作成者が「どのような処理をするための関数なのか」わかるよう

な名前を付けます。関数が呼び出された際に実行される処理のまとまりは、インデントで示します。以下は、関数の1つの例です。

```python
def say_greeting():
    print("こんにちは!!")
    print("元気ですか?")
```

作成した関数は `関数名()` で呼び出せます。上記の例の場合は `say_greeting()` です。この場合、2行の `print` の処理を `say_greeting()` という関数にまとめました。以下が実際の実行例です。

実行結果

```
>>> def say_greeting():
...     print("こんにちは!!")
...     print("元気ですか?")
...
>>> say_greeting()
こんにちは!!
元気ですか?
```

関数を使うことで、複数の処理を1つにまとめ、より短い命令で呼び出せるようになります。

> **Tip 関数名の付け方**
>
> プログラミングにおいて、関数名の命名は非常に重要です。わかりやすく適切な関数名をつけることができるほど、そのコードの保守性が上がります。それは、変数名だけでなく、関数名でも同様のことが言えます。
>
> エンジニアの実務の中では、適切な関数名や変数名の命名の議論があることもあります。また、関数名に複数の英単語をつなげる場合もあります。
>
> 関数名の表記については、PythonのPEP8でも慣例が紹介されていますので、併せて参照しましょう。
>
> 参考 PEP 8 -- Style Guide for Python Code
> https://peps.python.org/pep-0008/

関数に引数を渡す

関数を使うと処理を 1 つにまとめることができるんですね。

そうです。毎回その処理が出てくるたびにコードを書いていると、とんでもなく長いコードになってしまいますからね。再利用は重要なポイントです。

なるほど〜。あれ、でもさっきの関数だと変数を使ったり、ユーザーの入力した文字列はどうやって使うんですか？

はい。そのためには関数に処理に必要な値を渡す必要があります。その値のことを引数と呼びます。

先ほど説明した関数の例では、関数の実行結果は常に同じものになりました。関数に値を渡して、その渡した値に応じて処理を変化させることができます。この関数に渡す値は引数と呼ばれます。

定義は、次のようになります。

```
def 関数名 ( 引数名 ):
    処理
```

以下が引数を受け取る関数の定義例です。

```python
def calculate_grade(score):
    if score >= 60:
        print(" 合格 ")
    else:
        print(" 不合格 ")
```

この関数は、 `score` という名前の引数を受け取って処理を行います。 `score` には、テストの点数が int で入ってくる想定です。受け取った `score` の値を元に if 文を使い、合格もしくは不合格のテキストを表示しています。

実際に実行すると、次のようになります。

実行結果

```
>>> def calculate_grade(score):
...     if score >= 60:
...         print(" 合格 ")
...     else:
...         print(" 不合格 ")
...
>>> calculate_grade(40)
不合格
>>> calculate_grade(80)
合格
```

また、引数は任意の数を渡すこともできます。その場合、カンマ `,` 区切りで引数を指定します。以下は3つの引数を指定する関数の例です。

```python
def calculate_total_score(test_score, attendance_score, participation_score):
    # 各スコアの重み付けを定義します
    TEST_WEIGHT = 0.6
    ATTENDANCE_WEIGHT = 0.2
    PARTICIPATION_WEIGHT = 0.2
    # 総合スコアを計算します
    total_score = (test_score * TEST_WEIGHT +
                   attendance_score * ATTENDANCE_WEIGHT +
                   participation_score * PARTICIPATION_WEIGHT)
    # 総合スコアを返します
    return total_score
```

ここでは、テストの点数 `test_score`、出席点 `attendance_score`、授業参加態度 `participation_score` を元に、総合点 `total_score` を算出しています。テストの点数が60%、出席点が20%、授業参加態度が20%で評価されるとして、重みをつけています。

実行結果

```
>>> def calculate_total_score(test_score, attendance_score, participation_score):
...     # 各スコアの重み付けを定義します
...     TEST_WEIGHT = 0.6
...     ATTENDANCE_WEIGHT = 0.2
...     PARTICIPATION_WEIGHT = 0.2
...     # 総合点を計算します
...     total_score = (test_score * TEST_WEIGHT +
...                    attendance_score * ATTENDANCE_WEIGHT +
...                    participation_score * PARTICIPATION_WEIGHT)
...     # 総合点を返します
...     return total_score
...
>>> calculate_total_score(60, 0, 0) # テスト 60，出席点 0，授業参加態度 0 では総合点が 36 です。
36.0
>>> calculate_total_score(100, 0, 0) # テスト 100，出席点 0，授業参加態度 0，では総合点が 60 です。
60.0
>>> calculate_total_score(60, 100, 0)# テスト 60，出席点 100，授業参加態度 0，では総合点が 56 です。
56.0
```

このように複数行から成り立つ処理に名前をつけることで、プログラムが再利用しやすくなります。

複数行にわたる処理をまとめておくことで、後から 1 行コードを書くだけで再利用ができちゃうなんてかなり楽になりますね。関数を使う上で何か注意することはありますか？

はい。関数で注意することは、あらかじめ決められた引数の数が異なるとエラーが発生することです。

> **Tip** 引数が足りないエラー

引数を受け取る関数を引数なしで実行するとエラーが発生します。また、逆に引数を受け取らない関数に引数を渡した場合もエラーが発生します。関数には適切な引数を渡す必要があります。

以下は引数を受け取る関数を引数なしで実行した際のエラーの例です。TypeError が発生しています。また greeting() missing 1 required positional argument: 'message' のエラーメッセージが表示されています。日本語に直訳すると「 `greeting()` 関数で１つの必須の位置引数 `message` が足りません。」となります。

`実行結果`

```
>>> greeting()
Traceback (most recent call last):
  File "<stdin>", line 1, in <module>
TypeError: greeting() missing 1 required positional argument: 'message'
```

本書では、関数と引数に関する仕様の詳細は説明しません。Python 公式ドキュメントを参照すれば、より細かな関数の仕様の記載があります。興味がある方は参照してください。

`参考` Python 公式ドキュメント > 用語集：引数
https://docs.python.org/ja/3/glossary.html#term-argument

`参考` Python 公式ドキュメント > 4. その他の制御フローツール >
4.8. 関数定義についてもう少し
https://docs.python.org/ja/3/tutorial/controlflow.html#more-on-defining-functions

🚩 関数の処理結果を受け取る

ここまで関数にデータを渡して、処理させる方法を学んできました。先の関数定義では、関数の処理結果を呼び出し元が確認できませんでした。呼び出し元が関数で処理した結果を受け取ることもできます。

この関数の処理結果は、**戻り値**と呼びます。

戻り値を返す関数の定義は以下のようになります。

```
def 関数名 ( 引数 ):
    処理
    return 戻り値
```

`return` は関数の処理結果を呼び出し元に返すためのキーワードです。これによって、関数で処理した結果を呼び出し元に渡せます。呼び出し元では関数の戻り値を受けとり、その値を使って後続の処理ができるようになります。

例えば、以下のメッセージは、 `score` 引数を受け取って、合格・不合格の結果を示す文字列を返す関数です。

```
def determine_pass(score):
    if score >= 60:
        return "合格"
    else:
        return "不合格"

result = determine_pass(50)
print(result)

result = determine_pass(87)
print(result)
```

関数の呼び出し側が、 `determine_pass` 関数に、引数 `50` を渡して実行すると `determine_pass` 関数の `score` 引数に `50` が格納された状態で処理が実行されます。 `determine_pass` 関数は、 `score` が 50 の場合の if 文を処理し、処理結果として「不合格」という文字列を返します。それを呼び出し元が受け取り「不合格」というテキストを `print` しています。

実際に実行すると次のようになります。

実行結果

```
>>> def determine_pass(score):
...     if score >= 60:
...         return "合格"
...     else:
...         return "不合格"
...
>>> result = determine_pass(50)
>>> print(result)
不合格
>>> result = determine_pass(87)
>>> print(result)
合格
```

🚩 for 文と関数を組み合わせる

特定のリストに対して同じ処理を行いたい場合、関数を定義しておき、異なるリストや条件でその関数を呼び出せます。次のプログラムでは、各メンバーの合格・不合格を表示するプログラムの例です。`names` という変数にメンバーの名前のリスト、`scores` にそれぞれの評価点が入っており、評価点に応じて結果が判定されます。

```python
def determine_pass(score):
    if score >= 60:
        return "合格"
    else:
        return "不合格"

def notify_member(score, name):
    # スコアを評価し、合格・不合格を通知する
    result = determine_pass(score)
    print(f"{name}さんの結果は{result}です")

scores = [89, 57, 62, 99]
names = ["山田", "的場", "加藤", "佐藤"]

for index in range(len(scores)):
    notify_member(scores[index], names[index])
```

`determine_pass` 関数は、1つ上で紹介した関数と同じで、合否を判定する関数です。`notify_member` 関数は、スコアと名前を受け取ると、合格・不合格の結果を通知します。つまり、合否の連絡関数です。`scores` と `names` にそれぞれのスコアと名前のリストが格納されています。それを繰り返し文によって個別に処理しています。

実際に実行してみると以下のようになります。

実行結果

```
>>> def determine_pass(score):
...     if score >= 60:
...         return "合格"
...     else:
...         return "不合格"
...
>>> def notify_member(score, name):
...     # スコアを評価し、合格・不合格を通知する
...     result = determine_pass(score)
...     print(f"{name} さんの結果は {result} です")
...
>>> scores = [89, 57, 62, 99]
>>> names = ["山田", "的場", "加藤", "佐藤"]
>>>
>>> for index in range(len(scores)):
...     notify_member(scores[index], names[index])
...
山田さんの結果は合格です
的場さんの結果は不合格です
加藤さんの結果は合格です
佐藤さんの結果は合格です
```

あれ？ len 関数と range 関数って定義しましたっけ？

いいところに気付きましたね。Python には、プログラムを簡単に書けるように、自分で定義しなくても、標準で用意されている関数が多数あります。これらの関数を「組み込み関数」と呼びます。

えー！
じゃあ、自分で定義しなくても、呼び出すだけで使えるんですね。

まず新しい概念として `len` 関数と `range` 関数の2つが登場しているため、これらを説明します。`len` 関数は、リストの要素数を取得する関数です。引数にリストを渡すと以下のようになります。

実行結果

```
>>> data = [1, 2, 3]
>>> len(data)
3
>>> data = ["a", "b"]
>>> len(data)
2
>>> data = ["a", "b", "a", "b", "abc"]
>>> len(data)
5
```

`range` 関数は、for 文で、特定回数を繰り返す際によく使われます。`range` 関数に数字を渡すと、0 からその数字の1つ前まで1刻みで処理を実行できます。実際の実行例は以下です。

実行結果

```
>>> for index in range(3):
...     print(index)
...
0
1
2
>>> for index in range(5):
...     print(index)
...
0
1
2
3
4
```

`len` 関数と `range` 関数の2つを理解した上で、以下のコードを説明します。このコードでは、scores に対して、`len` 関数を実行して、スコアの数を確認します。そして、`range` 関数にその値を渡して、スコアの数だけ処理を繰り返します。その後、対応する `scores` および `index` を `notify_member` 関数に渡して、順次通知します。

```
for index in range(len(scores)):
    notify_member(scores[index], names[index])
```

このように for 文と関数を組み合わせれば、リストとして保持したデータに対して繰り返し処理ができます。

Discord Bot で関数を利用する

では、まとめとして Discord Bot を使って実践してみましょう。今回は Discord Bot にお買い物のサポートをしてもらいます。

凄いですね！ついに実生活に使えるプログラムになってきたぞ。

完成が楽しみですね〜！

ここまでに学んだことを組み合わせて、Discord Bot で買い物リストを作ってみましょう。まずは、Discord Bot に組み込む関数を作成します。関数が作成できたら、Discord Bot に組み込んでみましょう。

次のように利用できる関数を Python の対話型プロンプトで作成します。

- 引数に買うものを渡すと、買い物リストに追加する関数
- 買い物リストの中身を確認する関数
- 買い物リストを空にする関数

実際に作成した関数は次のようになります。

```python
buy_list = []

def add_item(item):
    buy_list.append(item)

def show_list():
    message = "買い物リスト\n"
    for item in buy_list:
        message += "- " + item + "\n"
    return message

def clear_list():
    buy_list.clear()
```

コードを解説していきます。

- `add_item(item)` で引数の `item` に指定したものを買い物リストに追加できます。
- `show_list()` で買い物リストの中身を確認できます。
- `clear_list()` で買い物リストの中身を空にできます。

実際に対話型プロンプトで実行してみると以下のようになります。

実行結果

```
>>> add_item("りんご")
>>> add_item("卵")
>>> print(show_list())
買い物リスト
- りんご
- 卵

>>> clear_list()
>>> print(show_list())
買い物リスト

>>> add_item("バナナ")
>>> print(show_list())
買い物リスト
- バナナ
```

これで対話型プロンプトで動作する買い物リストができました。次は、これを Discord Bot に組み込んでみます。Discord Bot の命令部分を次のように修正してください。

app6.py
```python
10  buy_list = []
11
12
13  def add_item(item):
14      buy_list.append(item)
15
16
17  def show_list():
18      message = "買い物リスト\n"
18      for item in buy_list:
20          message += "- " + item + "\n"
21      return message
22
23
24  def clear_list():
25      buy_list.clear()
26
27
28  @bot.command()
29  async def buy(ctx, action, item=None):
30      if action == "add":
31          add_item(item)
32          await ctx.send("リストに追加しました")
33      elif action == "show":
34          await ctx.send(show_list())
35      elif action == "clear":
36          clear_list()
37          await ctx.send("リストをクリアしました")
38      else:
39          await ctx.send("そのコマンドは存在しません")
```

修正後のコードの全文は、サンプルコードの app6.py で確認できます。

`add_item` 関数、`show_list` 関数、`clear_list` 関数のコードに変化はありません。
これで次のようにして、Discord Bot から買い物リストを扱えるようになりました。

- `>buy add` 買うもので指定したものを買い物リストに追加できます。
- `>buy show` で買い物リストの中身を確認できます。
- `>buy clear` で買い物リストの中身を空にできます。

プログラムを Discord Bot として起動すると、次のようになります。

このように関数を活用すれば、一連の処理のまとまりが把握しやすくなったり、まとめた処理を任意の場所で再利用できたりします。関数を使いこなしてプログラムを整理し、拡張・保守しやすいコードを作成していきましょう。

SECTION 6 辞書

さっきの買い物ボット便利ですね！
さらに改造してタスク管理 Bot にしてみよっかな〜。

いいですね。Bot にやらせたいことを考えると、プログラムに必要なことが明確になってきます。「どんな指示を出せばよいか」が考えられるようになってきましたね。

自分でもびっくりです！もっといろいろなことができるようにしたいのでどんどん教えて下さい！

if 文や for 文を覚えると、少しずつプログラミングが書けるようになっていきます。ここでは、複雑なデータを簡単に扱える便利なデータ型の辞書 `dict` を紹介します。`dict` を学ぶことでプログラミングの幅が広がり、より複雑な処理を記述できるようになります。

🚩 キーと値のペアでデータに意味付けをする

リスト `list` が順序に基づいてデータを格納するのに対し、辞書 `dict` はキーと値のペアでデータを格納します。キーは、`dict` の中のデータに対する索引であり、値はそのデータそのものです。これにより、異なる種類のデータを意味付けて格納し、素早く取得できます。

`dict` の構文は以下のようになります。キーと値のペアは、コロン `:` で区切り、各ペアはカンマ `,` で区切ります。

```
辞書名 = {
  キー1: 値1,
  キー2: 値2,
  キー3: 値3,
  …,
}
```

dict に格納されたデータは、キーを指定してアクセスできます。

```
辞書名 [ キー ]
```

具体的な利用場面とともに辞書を使ってみましょう。例えば、本に関する情報（名前、値段、発行年月など）をデータとして管理したい場面を考えます。

その場合、辞書の定義とアクセス方法は以下のようになります。

```python
# 辞書の定義
book = {
    "name": "Python プログラミング入門 ",
    "price": 1800,
    "publication_date": "2024-04",
}

# 辞書から値にアクセスする方法
print(book["name"]) # 出力：Python プログラミング入門
print(book["price"]) # 出力：1800
print(book["publication_date"]) # 出力：2024-04
```

リストの時はインデックスを使っていましたが、辞書のキーは自分で単語を割り当てて定義できるのは便利そうですね！

はい。変数もそうですが、意味のある単語を割り当てれば可読性が高くわかりやすいプログラムを書くことができます。意識しながら使い分けをしていけると良いでしょう。

Try 辞書をつかってみよう

- フルーツの名前をキー、値段を値として格納した辞書を定義し、それぞれのフルーツの値段を取得してみましょう。
- 動物の名前をキー、鳴き声を値として格納した辞書を定義し、それぞれの動物の鳴き声を取得してみましょう。

🚩 辞書の要素を追加する

 辞書はなんとなくリストに似ていますね！
同じ様に要素を追加することはできるんですか？

 はい。辞書も中身を追加することができます。リストと異なるのは、必ずキーをセットで定義する必要がある点です。詳しく見ていきましょう。

辞書はあとから要素を追加することもできます。新しいキーの要素を追加する場合は次のように記載します。

```
辞書 [ 新しいキー ] = 値
```

実際に以下で、 `country` という要素を追加してみましょう。

```python
book = {
  "name": "Python プログラミング入門",
  "price": 1800,
  "publication_date": "2024-04",
}

book["country"] = "Japan"
print(book) # 出力:{'name': 'Python プログラミング入門', 'price': 1800, 'publication_date': '2021-04', 'country': 'Japan'}
```

また、既存の辞書で、すでに定義された要素が存在する場合、値は更新されます。以下の例では、`price` の値を更新しています。

```python
book = {
  "name": "Python プログラミング入門",
  "price": 1800,
  "publication_date": "2024-04",
}

book["price"] = 2000
print(book) # 出力：{'name': 'Python プログラミング入門', 'price': 2000, 'publication_date': '2024-04'}
```

 辞書をつかってみよう

次のようにプログラムを修正してみましょう。
読書ステータスの情報を格納してみましょう。

- status のキーに「未読」という文字列を入れてみましょう。
- status のキーを「読了」という文字列で更新してみましょう

ちなみに、Python 公式ドキュメントの以下のリンクでも辞書 `dict` について説明があります。より専門的な用語で多様な機能の説明がありますので、余裕がある方は確認しましょう。

参考　Python 公式ドキュメント > 5. データ構造 > 5.5. 辞書型 (dictionary)
https://docs.python.org/ja/3/tutorial/datastructures.html#dictionaries

🚩 複数の辞書を扱う

 辞書は何か一つのものに付随する情報を格納するのに便利そうですね。本に関するタイトル、値段、発行日、読書ステータス、…ページ数や感想なんかもまとめると読書記録にできそうだな。

面白い使い方ですね。では、読書記録を作るとして、2冊目の本についてはどのように辞書を作ればよいか想像できますか？

えっ？何か変わってくるんですか？同じようにタイトルのキーを name として…あれ？これだと name が2つになっちゃうなぁ。

そうです。混乱しちゃいますよね。そこで今度は辞書をリストに格納して使う方法を教えます。

複数のデータの集まりを扱いたい場合を考えてみます。例えば、前述の例では1つの本についての情報を管理していました。複数の本がある場合、それについて個別の変数を作成すると、変数の定義がどんどん増えていきます。

```python
book_1 = {
    "name": "Python プログラミング入門 ",
    "price": 1800,
    "publication_date": "2024-04",
}
book_2 = {
    "name": "Python によるデータ分析 ",
    "price": 2200,
    "publication_date": "2023-04",
}
book_3 = {
    "name": "Python による機械学習 ",
    "price": 2500,
    "publication_date": "2023-11",
}
```

そうすると、これらのデータの集計が難しくなったり、一括で処理することが難しくなっていきます。そういう場合、辞書をリストに格納してまとめることで扱いやすくなります。辞書をリストに格納することで、複数の辞書（つまり、ここでは複数の本の情報）を1つのリストで管理できます。

これにより、リストの繰り返し処理を使って、複数の本の情報に対して効率的にアクセスすることが可能になります。以下の例では、書籍情報を格納した複数の辞書をリストにまとめ、各書籍の総額を出力しています。

```python
books = [
    {"name": "Python プログラミング入門", "price": 1800, "publication_date": "2024-04"},
    {"name": "Python によるデータ分析", "price": 2200, "publication_date": "2023-04"},
    {"name": "Python による機械学習", "price": 2500, "publication_date": "2023-11"},
]

total_price = 0
# リスト内の辞書に対する繰り返し処理
for book in books:
    total_price += book["price"]

print(total_price) # 出力：6500
```

実際に実行すると、以下のように出力されます。

実行結果

```
>>> books = [
...     {"name": "Python プログラミング入門", "price": 1800, "publication_date": "2024-04"},
...     {"name": "Python によるデータ分析", "price": 2200, "publication_date": "2023-04"},
...     {"name": "Python による機械学習", "price": 2500, "publication_date": "2023-11"},
... ]
>>> total_price = 0
>>> # リスト内の辞書に対する繰り返し処理
>>> for book in books:
...     total_price += book["price"]
...
>>> print(total_price) # 出力：6500
6500
```

他にも、先で学んだ if 文を使うことで、リスト内の辞書に対して検索を行うこともできます。以下の例では、リスト内の辞書から name が Python プログラミング入門である辞書を取得しています。

```python
books = [
  {"name": "Python プログラミング入門", "price": 1800, "publication_date": "2021-04"},
  {"name": "Python によるデータ分析", "price": 2200, "publication_date": "2020-09"},
  {"name": "Python による機械学習", "price": 2500, "publication_date": "2019-12"},
]

for book in books:
    if book["name"] == "Python プログラミング入門":
        print(book)
```

実行すると以下のようになります。

実行結果

```
>>> books = [
...     {"name": "Python プログラミング入門", "price": 1800, "publication_date": "2021-04"},
...     {"name": "Python によるデータ分析", "price": 2200, "publication_date": "2020-09"},
...     {"name": "Python による機械学習", "price": 2500, "publication_date": "2019-12"},
... ]
>>>
>>> for book in books:
...     if book["name"] == "Python プログラミング入門":
...         print(book)
...
{'name': 'Python プログラミング入門', 'price': 1800, 'publication_date': '2021-04',}
>>>
```

このように辞書を利用することで、複数のデータを1つにまとめて管理できます。また、辞書を使うことで、データに対して直感的な名前を使えるため、プログラムの可読性も向上します。

Try　辞書を使ったプログラムをもっと使ってみよう

次のようにプログラムを修正してみましょう。

- 読書ステータスの情報を格納してみましょう。
- 複数のフルーツの名前と値段を格納した辞書をリストに格納し、それぞれのフルーツの値段を取得してみましょう。
- 複数の動物の名前と鳴き声を格納した辞書をリストに格納し、鳴き声が「ワン」という動物の名前を取得してみましょう。

🚩 Discord Bot で辞書を使ってみよう

それでは辞書を利用した Discord Bot を作ってみましょう。今回は投票と集計を行うプログラムです。

はい！辞書もプログラムに組み込んでいろいろな工夫ができそうな気がしています。よろしくお願いします。

次は、Discord Bot で辞書を使ってみましょう。ここでは次のような機能を持つ Discord Bot を考えます。

- Discord Bot は、投票をカウントします。
- Discord Bot に対して、文字列を送ると、その文字列を投票として記録します。
- 記録した後、それまでに文字列に対して投票された回数を集計して返します。

Discord Bot のプログラムの命令部分を次のように修正します。

app7.py の一部

```
10    poll_count = {}
```

```
11
12  @bot.command()
13  async def poll(ctx, vote):
14      if vote in poll_count:
15          poll_count[vote] = poll_count[vote] + 1
16      else:
17          poll_count[vote] = 1
18      await ctx.send(f"{vote}に投票しました！")
19      await ctx.send(poll_count)
```

修正後のコードの全文は、サンプルコードの app7.py で確認できます。

このプログラムを実行すると、次のような動作をします。

- `>poll Python` というメッセージを送ると、「Pythonに投票しました！」というメッセージが返ってきます。その後、`{'Python': 1}` というメッセージが返ってきます。
- `>poll Python` というメッセージをもう一度送ると、「Pythonに投票しました！」というメッセージが返ってきます。その後、`{'Python': 2}` というメッセージが返ってきます。
- `>poll Java` というメッセージを送ると、「Javaに投票しました！」というメッセージが返ってきます。その後、`{'Python': 2, 'Java': 1}` というメッセージが返ってきます。

辞書を使って Discord ボットで投票し、集計することができました。辞書は、データに名前を付けて保管できるため、意味のあるデータのまとまりを管理でき、プログラムの可読性を向上させます。

SECTION 7 オブジェクト・クラス

さて、いよいよ Python の基本解説の最後になります。今回はオブジェクトとクラスについて解説します。

オブジェクトとクラスですか？
うーん。どんな内容なんだろう。最後だし…とっても難しい、とか？

あんまり心配しないでください。これまで触れていませんでしたが、実はこれから解説する要素はすでに利用しています。説明が長くなると思いますがしっかり理解してくださいね。

覚えてるかな～？がんばって思い出してみて！

Python では、全てのデータはオブジェクトとして扱われます。**オブジェクト**とは、プログラミングにおいてデータとそのデータを操作するための処理を1つにまとめたものです。これまで文字列やリスト、辞書などのデータ型を学んできましたが、これらもすべてオブジェクトとして扱われています。

オブジェクトに対するメソッドは次のような構文で呼び出します。

```
オブジェクト.メソッド()
```

文字列は `str` 型のオブジェクトです。`str` 型のオブジェクトには、様々なメソッドがあります。

文字列を大文字に変換する `upper()` メソッドや小文字に変換する `lower()` メソッドなどです。これらのメソッドは、それぞれの変換された新しい文字列を返します。

```
name = "Python"
print(name.upper()) # 出力：'PYTHON'
print(name.lower()) # 出力：'python'
```

これを実際に実行すると、次のようになります。

実行結果

```
>>> name = "Python"
>>> print(name.upper())
PYTHON
>>> print(name.lower())
python
```

すでにリストを学んでいますが、リストにも要素を追加する `append()` メソッドや要素を削除する `remove()` メソッドがあります。これらも `list` 型のオブジェクトに定義されているメソッドです。

```
fruits = ["りんご", "バナナ"]
fruits.append("いちご") # リストに'いちご'を追加
print(fruits) # 出力：['りんご', 'バナナ', 'いちご']
fruits.remove("バナナ") # リストから'バナナ'を削除
print(fruits) # 出力：['りんご', 'いちご']
```

あ！append() はリストを教えてもらったときに使いましたね！

そうです。よく覚えていましたね。

`str` 型や `list` 型は、Python が標準で提供するデータ型です。Python では、これらのオブジェクトが持つメソッドを活用することで、より効率的にデータを操作できます。

しかし、Python が標準で提供するデータ型だけでは、すべてのデータを表現することはできません。例えば、本の情報や読書状況を管理するためのデータ型は Python には用意されていません。このような場合、自分でデータ型を定義する必要があります。

このデータ型を定義するために、クラスという概念が利用されます。クラスは、Pythonだけでなく、他のプログラミング言語でも登場する概念です。クラスを理解することで、自分でデータ型を定義し、それに対する操作を定義できます。

🚩 データと処理を1か所にまとめる

クラスは、データとそのデータを操作するための処理を1つにまとめたものです。以下にクラスの基本的な構文を示します。

```
class クラス名:
    def __init__(self, 引数1, 引数2, ...):
        self.属性1 = 引数1
        self.属性2 = 引数2
        ...
    def メソッド名(self, 引数1, 引数2, ...):
        処理
    def メソッド名(self, 引数1, 引数2, ...):
        処理
```

- `class クラス名:` でクラスを定義します。
- `def __init__(self, 引数1, 引数2, ...):` は、クラスの初期化を行う特殊なメソッドです。クラスの初期化タイミングで行われる処理が記載されます。
- `self` は、クラスのインスタンス自身を指します。メソッドの第一引数には必ず `self` を指定します。
- `self.属性1 = 引数1` や `self.属性2 = 引数2` で、クラスの属性です。そのクラスで作られるオブジェクトの状態や特徴を示します。
- `def メソッド名(self, 引数1, 引数2, ...):` で、クラスのメソッドを定義します。
- メソッドは複数定義できます。

Tip　インスタンスとは？メソッドとは？

インスタンスとは、クラスから生み出されたオブジェクトのことを指します。
例えるなら、クラスはオブジェクトの設計図であり、インスタンスはその設計図に従って作られた実体です。

メソッドとは、クラスの中で定義された関数のことを指します。インスタンスに対して、メソッドが呼び出された場合、第一引数に、そのインスタンス自身を示す値 `self` を受け取ります。`self` を使うことでクラスのインスタンス変数や他のメソッドにアクセスできます。

 ？？？急に何が何だか分からなくなってきました。関数のところで似ているコードを見たような気が…

 ちょっと難しかったですかね？
実際にコードを触りながら詳しく見ていきましょうか。

実際にクラスを定義してみましょう。ここでは次のような Book クラスを定義します。このクラスは、本の情報と読書状況を管理するためのクラスです。

```python
class Book:
    def __init__ (self, name):
        self.name = name
        self.status = "未読"
    def read(self):
        if self.status == "読了":
            print(f"{self.name} は既に読了しています。")
        else:
            self.status = "読書中"
            print(f"{self.name} を読書中にしました。")
    def finish(self):
        if self.status == "読了":
            print(f"{self.name} は既に読了しています。")
        else:
            self.status = "読了"
            print(f"{self.name} を読了しました。")
```

このクラスを実際に使ってみましょう。

実行結果

```
>>> book = Book("Python プログラミング入門")
>>> book.status
' 未読 '
>>> book.read()
Python プログラミング入門を読書中にしました。
>>> book.status
' 読書中 '
>>> book.finish()
Python プログラミング入門を読了しました。
>>> book.status
' 読了 '
>>> book.finish()
Python プログラミング入門は既に読了しています。
```

このようにクラスを利用することで、データとその操作を意味のある単位で捉えることができます。例えば、上記の例では、本の名前とその読書状態を1つのオブジェクトとし、状態の変更をメソッドで行うことで状態変更に関するプログラミングミスを防止できます。

Pythonでプログラミングをするとき、クラスを理解して活用することで、より複雑なプログラムを書けるようになります。クラスを使う機会は少ないかもしれませんが、クラスを理解しておくことは重要です。

次のChapterで登場するライブラリやフレームワークでは、クラスが活用されます。本書では、クラスの基本的な使い方を紹介しましたが、クラスは非常に柔軟な機能です。

Python公式ドキュメントでは、クラスについてのより詳しい使い方の説明があります。より専門的な用語を交えた、様々なクラスの機能に関する説明になります。本書で学んだ次に、公式ドキュメントを読みつつ、各種用語について理解を深めて行くとよいでしょう。

参考 Python 公式ドキュメント > 9. クラス
https://docs.python.org/ja/3/tutorial/classes.html

🚩 Discord Bot でクラスを利用する

ここでは、辞書型を使った投票機能をクラスを使って実装してみましょう。今回は、次の機能を持つ PollCount クラスを定義します。

- 投票を行う `vote()` メソッド
- 投票結果の文字列を返す `return_result()` メソッド

Discord Bot のプログラムの命令部分を次のように修正します。

app8.py の一部

```python
10  class PollCount:
11      def __init__(self):
12          self.poll_count = {}
13
14      def vote(self, vote):
15          if vote in self.poll_count:
16              self.poll_count[vote] = self.poll_count[vote] + 1
17          else:
18              self.poll_count[vote] = 1
19
20      def return_result(self):
21          result = "現在の投票結果 \n"
22          for vote, count in self.poll_count.items():
23              result += f"- {vote}: {count}\n"
24          return result
25-26
27  poll_count = PollCount()
28-29
30  @bot.command()
31  async def poll(ctx, vote):
32      poll_count.vote(vote)
33      await ctx.send(f"{vote} に投票しました！")
34-35
36  @bot.command()
37  async def result(ctx):
38      await ctx.send(poll_count.return_result())
```

修正後のコードの全文は、サンプルコードの app8.py で確認できます。

このクラスは、`vote()` メソッドを使うと、指定した先に投票が行えます。`return_result()` メソッドを使うと、投票結果の文字列を取得できます。また、このプログラムでは Discord Bot を起動する際に `PollCount` のオブジェクトを初期化して `poll_count` としています。Discord にて `>poll` コマンドが実行されると、その `poll_count` に対して、投票を行います。`>result` コマンドで現在の投票結果を表示できます。

このプログラムを実行すると、次のようになります。

このようにクラスを使うことで、データとその操作を1つにまとめることができます。クラスを利用することで、プログラムの抽象度を上げ、より複雑なプログラムを書きやすくなります。

ここでは、Python の基本的な文法を学びつつ、Discord Bot に変更を加えていきました。この Chapter での学びを利用すれば、Discord Bot に簡単なロジックを組み込むことができるようになったでしょう。

次は、応用的な Python の文法を学びます。そして、複雑なロジックを Discord Bot に組み込んだり、Discord Bot の仕組みを理解するための知識を身につけていきましょう。

PART 2

CHAPTER

5

Pythonの応用と
Discord Botの拡張

> この章で学ぶ内容
>
> - ☑ モジュール
> - ☑ ライブラリ
> - ☑ サードパーティ製パッケージ
> - ☑ フレームワーク
> - ☑ API

Chapter4 までは、Python プログラミングの基礎を学びつつ、簡単な Discord Bot を作ってきました。Chapter5 では Python をさらに活用することで、より便利で複雑な Discord Bot を作っていきましょう。

ここまで学んできた Python の基礎を活用して、より複雑なプログラムを作っていくためには、さらに多くの知識が必要になります。Python プログラミングに関する知識は多岐に渡り、最初から全ての知識を網羅的に学ぶことはできません。そのため、基礎を学びつつ、必要に応じて新しい知識を学び、実際のプログラムを作ることでプログラミングスキルを向上させていくことが重要です。

実際の場面で活用できるプログラムを作っていくためには、様々な技術を統合する必要があります。そのため、Python のモジュール、ライブラリ、フレームワーク、API といった技術の活用が重要です。昨今の実用的なプログラムを作る上で、これらの技術は必要不可欠です。

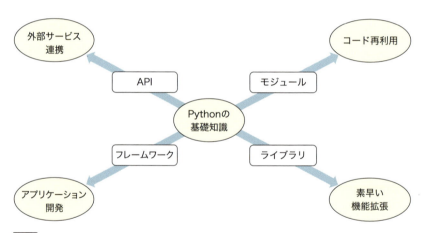

図1 Python プログラミングの知識と広がり

ここでは、Python のモジュール、ライブラリ、フレームワーク、API を扱うための基礎知識を学びます。

そして、最終的に実用的なプログラムの1つの例として、デジタル音楽配信サービスである Spotify の API を利用してアーティストの検索ができる Discord Bot を作成することを目指します。

SECTION 1 モジュール

🚩 モジュールとは何か

では、Python プログラミングの応用を学んでいきましょう。まずは、プログラム開発に欠かせないモジュールについて学んでもらいます。

はい！よろしくお願いします。モジュールという言葉自体は日常でも聞いたことがあるような…ないような。

確かにモジュールという言葉は、様々な場面で耳にしますね。そのような共通する概念だからこそ、Python におけるモジュールをしっかりと理解しておきましょう！

ちょっと難しい話になるけどがんばれ〜！

インタープリターでは、プログラムの実行が終了すると、変数や関数、クラスの定義は保存されません。次にプログラムの実行を開始した時には、それらの定義や宣言は最初からやり直す必要があります。そのため、実際のアプリケーション開発では、様々な定義や宣言をファイルに書きます。そして、そのファイルを Python で読み込むことで、より大きく複雑なプログラムを開発します。

プログラムの開発を進めていくと、既存のコードを修正する機会も増えていきます。また、コードも長くなり、プログラムの全体像が把握しにくい状態になっていきます。このような状況は「保守性が低い」「メンテナンスしにくい」と言われます。

この状況を改善するために、<u>モジュール</u>という概念があります。モジュールは、Python に限った言葉ではなく、様々な分野で使われる概念です。ここでは、Python でにおけるモジュールを説明します。

モジュールを作ってみよう

Python では、ファイルにプログラムを書いて、そのファイルをモジュールとして扱うことができます。モジュールとは、変数や関数、クラスなどをまとめた Python コードが記述されたファイルです。実際にモジュールを作りつつ、使い方を理解していきましょう。

例として、次のようなプログラムを buy_helpers.py というファイル名で保存します。

```python
buy_list = []

def add_item(item):
    buy_list.append(item)

def show_list():
    message = "買い物リスト\n"
    for item in buy_list:
        message += "- " + item + "\n"
    return message

def clear_list():
    buy_list.clear()
```

これで、`buy_helpers` というモジュールが作成されました。ファイル名から .py を取り除いた名前がモジュールとなります。このモジュールには、`buy_list` という変数と、`add_item` 関数、`show_list` 関数、`clear_list` 関数が定義されています。

…うーん。これ前に同じようなコードをやりませんでしたっけ？

重要なのは、ファイルに記述することです。そのファイルをモジュールとして読み込み、関数や変数を使いまわせるようになります。

次は、このモジュールの使い方を説明します。モジュールを使うには、`import` というキーワードを使います。`buy_helpers` を利用する場合は、次のように指定します。

```
import buy_helpers
```

これで、Python プログラムにおいて、`buy_helpers` というモジュールを読み込めます。このモジュールにある関数や変数を使うには、モジュール名と `.` を指定します。以下は、`buy_helpers` モジュールの関数を使うプログラムの例です。

```
buy_helpers.add_item("りんご")
buy_helpers.add_item("みかん")
print(buy_helpers.show_list())
buy_helpers.clear_list()
```

実際に実行してみると、次のような結果が得られます。

実行結果

```
>>> import buy_helpers
>>> buy_helpers.add_item("りんご")
>>> buy_helpers.add_item("みかん")
>>> print(buy_helpers.show_list())
買い物リスト
-りんご
-みかん

>>> buy_helpers.clear_list()
>>> print(buy_helpers.show_list())
買い物リスト

>>> buy_helpers.add_item("いちご")
>>> print(buy_helpers.show_list())
買い物リスト
-いちご
```

import でモジュールを読み込んで、そのファイル内にある関数を読み出せるんですね。確かに似たプログラムを複数作るときとかに有効そうですね！

実際のソフトウェア開発では似たプログラムを何でも共通化すれば良いわけではありませんが、プログラムをモジュールに分割して、管理・メンテナンスしやすいようにすることは重要です。

また、特定の関数や変数のみを読み込む方法もあります。そのためには `from ... import ...` の記法を利用します。

```
from モジュール名 import 読み込み対象の名前
```

例えば、`buy_helpers` モジュールから **add_item** 関数を読み込む場合は次のようになります。

```
from buy_helpers import add_item
```

また、同一のモジュールから複数の対象をまとめて読み込むこともできます。その場合、`,` 区切りで対象を指定します。以下は、`buy_helpers` モジュールから **add_item** 関数と show_list 関数を読み込む例です。

```
from buy_helpers import add_item, show_list
```

`from ... import ...` で読み込んだ場合は、モジュール名を指定せず、次のように利用できます。

実行結果

```
>>> from buy_helpers import add_item, show_list
>>> add_item("卵")
>>> print(show_list())
買い物リスト
- 卵
```

このようにモジュールを使うことで定義ファイルを分割しながらて管理できます。モジュールとして分割することで、プログラムの全体像が把握しやすくなるため、より大きなプログラムを開発しやすくなります。

モジュールについて、本書で触れられていない機能や知識がたくさん存在します。Python 公式ドキュメントでは、それらの機能や知識について説明されています。本書で Python プログラミングのイメージが湧いてきた後に、公式ドキュメント を読み、より理解を深めていきましょう。

参考　Python 公式ドキュメント > 6. モジュール
https://docs.python.org/ja/3/tutorial/modules.html

🚩 モジュールとパッケージ

Python では、モジュールをまとめる手段として、パッケージという概念があります。パッケージを利用すれば、複数のモジュールを構造化して管理できるため、さらに大きなプログラムを管理しやすくなります。

Python でパッケージを使うためには、フォルダを作成し、そのフォルダに init.py というファイルを作成します。そうすることで、そのフォルダをパッケージとして扱うことができます。フォルダ名がパッケージ名となります。

例えば、`buy_helpsers.py` と `item_helpers.py` というモジュールがあったとします。それを `shopping` というパッケージにまとめる場合は、次のようなフォルダ構造になります。

```
shopping/
    _init_.py
    buy_helpers.py
    item_helpers.py
```

この場合、`shopping` というフォルダがパッケージとして扱われます。このパッケージを読み込む構文は次のようになります。モジュール名の前にパッケージ名とドット `.` を指定して `from ... import ...` の構文を使います。

```
from パッケージ名.モジュール名 import 読込対象の名前
```

例えば、`shopping` パッケージの中にある `buy_helpers` モジュールで定義された `add_item` という関数を呼び出す際は次のようになります。

```python
from shopping.buy_helpers import add_item
```

Python ではパッケージやモジュールを活用することで、複数のファイルに渡るコードを管理できます。

モジュールだけでなく、パッケージについても Python の公式ドキュメントにより詳細な説明があります。より詳しく学びたい人は読むことをオススメします。

参考　Python 公式ドキュメント > 6. モジュール > 6.4. パッケージ
https://docs.python.org/ja/3/tutorial/modules.html#packages

SECTION 2 ライブラリ

ライブラリとは何か

モジュールとパッケージの概念は理解できたでしょうか？ 次は、それらをまとめた大きな構造として、ライブラリという概念を紹介します。

まだ別の構造があるんですか？ ここのところ立て続けに色々な構造が出てきてよくわからなくなってきました…。

これらの関係は図にするとわかりやすいです。一旦情報を整理してみましょう。

大規模なプログラムを書いていくために、モジュールとパッケージを学びました。特定の機能を実現するためのモジュールやパッケージは**ライブラリ**と呼ばれます。ここでは、ライブラリについて学んでいきます。

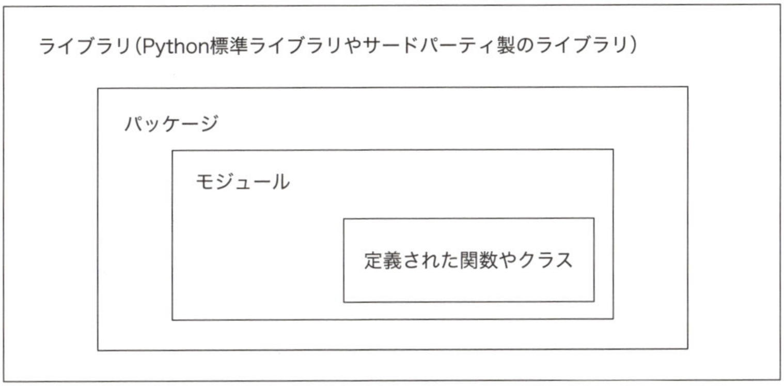

図2 ライブラリ、パッケージ、モジュールの関係

ライブラリには大きく分けて、2種類のライブラリがあります。それは **Python 標準ライブラリ**と、**サードパーティ製のライブラリ**です。

Python 標準ライブラリとは、Python に付属しているライブラリを指します。Python がインストールされている場合、多くのライブラリが利用できます。Python 標準ライブラリは、Python の公式ドキュメントで紹介されています。

サードパーティ製のライブラリとは、Python 公式によって提供されたライブラリではなく、第三者に提供されるライブラリを指します。これらのライブラリは、特定の機能やアプリケーションを開発しやすくするために作成されたものです。例えば、Discord 用のライブラリは、このカテゴリに含まれます。また、個人が作成したライブラリを公開することも可能です。

🚩 Python 標準ライブラリを使ってみよう

Python にはたくさんの標準ライブラリが付属しています。試しに `random` というライブラリを使ってみましょう。このライブラリを利用すれば、ランダムな値を生成したり、`list` からランダムに値を取り出したりできます。

まずは、ランダムな数字を生成する例です。

```python
import random

number = random.randint(1, 50)
print(number)
```

実際に実行してみると次のようになります。

実行結果

```
>>> import random
>>> number = random.randint(1, 50)
>>> print(number)
2
```

```
>>> number = random.randint(1, 50)
>>> print(number)
28
>>> number = random.randint(1, 50)
>>> print(number)
4
```

`randint(a, b)` は、a以上、b以下のランダムな整数を返します。ビンゴゲームを自作する場合には使えるかもしれません。

randomライブラリには他にも関数が含まれています。次は `choice(seq)` を紹介します。次のように活用できます。

```
import random
omikuji = ["大吉", "吉", "凶"]
result = random.choice(omikuji)
print(result)
```

実際の実行結果は以下のようになります。

実行結果

```
>>> import random
>>> omikuji = ["大吉", "吉", "凶"]
>>> result = random.choice(omikuji)
>>> print(result)
凶
>>> result = random.choice(omikuji)
>>> print(result)
吉
>>> result = random.choice(omikuji)
>>> print(result)
大吉
>>> result = random.choice(omikuji)
>>> print(result)
吉
```

`choice(seq)` は引数に `list` を渡せば、その中からランダムな要素を返します。`random` ライブラリには他にもたくさんの関数が含まれています。Python 公式ドキュメントにそれらの利用方法が説明されていますので、参照してみましょう。

> **参考** Python 公式ドキュメント：random --- 疑似乱数を生成する
> https://docs.python.org/ja/3/library/random.html

他にも Python にはたくさんの便利な標準ライブラリが含まれています。

- 日時に関する様々な機能が含まれている datetime や date ライブラリ
- csv ファイルの読み込みに便利な csv ライブラリ
- ファイル操作や移動など OS を操作する os ライブラリ

Python 公式ドキュメントを見ると、上記のライブラリを含む様々なライブラリの説明があります。一度、確認しておくと Python でのプログラミングスキルの上達につながるでしょう。

SECTION 3　サードパーティ製パッケージ

🚩 サードパーティ製パッケージをどう使うか

さて、先程も少し触れましたがパッケージやライブラリというものは自分が作ったものだけでなく、他人が作ったものも利用することができます。

へー。便利そうですね。でもインストールとか難しくないですか？ 間違ったものをインストールしないか不安です。

良い質問ですね。インストールを簡単にしたり、間違ったライブラリのインストールを防ぐために、PyPI や pip といった仕組みがあります。これらを紹介していきます。

次は、サードパーティ製パッケージを使っていきましょう。サードパーティ製パッケージとは、Python 公式ではなく、第三者によって提供されているパッケージを指します。まずは、サードパーティ製パッケージを使うための知識を学びます。

サードパーティ製パッケージを使うためには、対象のパッケージをインストールする必要があります。インストールとは、プログラムを実行するために必要なファイルを適切な場所に配置して、使えるようにすることです。Python アプリケーション開発の場合、`pip` を使って PyPI（パイピーアイ）からパッケージをインストールするのが一般的です。

PyPI って何の略ですか？

Python Package Index の略です。作成したパッケージを PyPI に登録しておくことで作成者以外も利用できるようになります。また後で少し触れますね。

Python がインストールされた多くのマシンで、`pip` はデフォルトで利用可能と なっています。`pip` でパッケージをインストールするには、次のように実行します。

```
pip install パッケージ名
```

上記を実行すれば指定した名前のパッケージがインストールされます。例えば、以下のように実行すれば、`requests` というパッケージをインストールできます。

```
pip install requests
```

なお、サードパーティ製パッケージをインストールする場合、`venv` を利用してPython の仮想環境を作成しましょう。そうすることで Python の実行環境を管理しやすくなります。

前提として、サードパーティ製パッケージにはバージョンがあり、バージョンごとに挙動は異なります。また、Python アプリケーションを開発する場合、1 つのマシンで複数のアプリケーションを開発することはよくあります。その場合、アプリケーションごとにパッケージの利用状況が異なる場面もよくあります。

そのため、アプリケーションごとにパッケージをインストールする環境を分けることでプログラムの誤作動を避ける必要が生まれます。アプリケーションごとに利用するパッケージを管理ことでアプリケーションを効率的に開発できるようになります。そのために活用できるのが `venv` を利用した Python の仮想環境です。

`venv` を利用して Python 環境を作成・有効化する場合、次のコマンドを実行します。今回は、`env` を環境名として指定します。

▶ Windows の場合

以下のコマンドを実行して仮想環境を作成します。

```
python3 -m venv env
```

以下のコマンドを実行して、仮想環境を有効化します。

```
.env\Scripts\activate.bat
```

▶ macOS の場合

以下のコマンドを実行して仮想環境を作成します。

```
python3.12 -m venv env
```

以下のコマンドを実行して、仮想環境を有効化します。

```
source env/bin/activate
```

venv で仮想環境を有効化すると、環境名（今回の場合は、 `env` ）が表示されます。その後、 `pip install` を実行することで、仮想環境の中にパッケージがインストールされます。仮想環境を有効化している状態でのみ、インストールした パッケージが利用可能になります。

> **Tip** pip と PyPI、conda
>
> `pip` は、Python 用のパッケージインストーラーです。PyPI は、Python 用のパッケージインデックスです。
>
> PyPI は、第三者が作成した Python パッケージの索引になっています。作成したパッケージを PyPI に登録しておくことで、他の Python 開発者もそのパッケージを見つけやすくなりますし、間違ったパッケージをインストールすることの予防にもなります。 `pip` の詳細な利用方法は、 `pip` の公式ドキュメントを参照してください。
>
> 参考 pip documentation pip
> https://pip.pypa.io/en/stable/
>
> また、 `pip` と比較されやすいツールとして、 `conda` があります。科学計算を行う場合は、 `conda` が利用されることもあります。
> `conda` と `pip` の違いについては、以下を参照してください。
>
> 参考 Python Packaging User Guide conda
> https://packaging.python.org/en/latest/key_projects/#conda
>
> 本書では、 `pip` を利用する想定で説明をしています。

なお、次のコマンドを実行すれば `venv` の仮想環境を無効化できます。アプリケーションの開発を終了する場合は、仮想環境を無効化しましょう。

▶ macOS の場合

```
deactivate
```

▶ Windows の場合

```
.env\Scripts\deactivate.bat
```

🚩 サードパーティ製パッケージを使ってみよう

次は、実際にインストールしたパッケージを利用していきましょう。 `venv` の環境を作成・有効化した状態で `requests` をインストールします。 `requests` をインストールする場合、次のように実行します。

```
pip install requests
```

`pip install` を実行すると、インターネットから指定されたパッケージをダウンロードし、実行した環境にインストールします。インストールが成功したら、Python の対話型プロンプトにて、対象パッケージのモジュールがインポートできることを確認しましょう。インストールが成功していれば、エラーなくインポートが実行できます。

実行結果

```
>>> import requests
>>>
```

これで `requests` パッケージが利用可能になりました。なお、パッケージがインストールされていない状態で、 `import` を実行しようとすると ModuleNotFoundError のエラーが発生します。

実行結果

```
>>> import requests
Traceback (most recent call last):
  File "<stdin>", line 1, in <module>
ModuleNotFoundError: No module named 'requests'
>>>
```

ModuleNotFoundError が発生した場合は、パッケージのインストールが成功しているかを確認しましょう。また、`pip install` を実行した際は、パッケージのインストールが成功したかどうかを確認しておくことが大切です。

パッケージのインストールが成功したかどうかは、どうやって確認すればいいんでしょうか？

まず、pip install を実行した際に表示されたメッセージをきちんと確認しましょう。もしインストールに失敗した場合は、失敗理由が記載されています。また、すでにインストールされているライブラリは、pip list や pip show パッケージ名を指定すれば確認できます。

インストールができたら、次は実際に `requests` の関数を呼び出してみます。以下がサンプルコードです。

```
import requests

# http://example.com に HTTP GET のリクエストを送信する
response = requests.get("http://example.com")

# ステータスコードを出力する
print("Status Code:" + response.status_code)

# レスポンスの内容を出力する
print("Response Content:" + response.text)
```

実際に実行すると次のようになります。

実行結果

```
>>> import requests
>>> response = requests.get("http://example.com")
>>> print("Status Code:" + str(response.status_code))
Status Code:200
>>> print("Response Content:" + response.text)
Response Content:<!doctype html>
<html>
<head>
<title>Example Domain</title>

... 長いため省略
```

`requests.get("http://example.com")` を実行すると、指定した URL である http://example.com に HTTP の GET メソッドでアクセスできます。上記のプログラムでは、指定した URL にアクセスした際の応答を `response` という変数に格納して、ステータスコードや応答の内容を確認しています。このようにしてネットワークで接続されたマシンにアクセスできます。

また、`requests` のインストールでは次のように指定すれば、インストール対象パッケージのバージョンを指定できます。

```
pip install requests==2.32.3
```

バージョンを指定せずにインストールした場合は、最新バージョンがインストールされます。サードパーティのパッケージを利用する際は、インストールされているパッケージのバージョンにも注意しましょう。

Tip　パッケージは、どこに配置されたの？

インストールしたパッケージは、インストールの際に利用したパッケージマネージャによって管理され、特定の場所に配置されます。

`venv` の仮想環境を有効化し、`pip` を使った場合は、仮想環境内の以下に配置されます。

Windows の場合：プロジェクトのフォルダ \env\Lib\site- packages
macOS の場合：プロジェクトのフォルダ /env/lib/pythonX.X/site-packages

他に poetry や conda といったパッケージ管理のツールもあります。実際のファイルの設置場所は、それぞれ異なります。

より、詳細な情報に興味がある人は、以下のスレッドを参照してください。

参考　stack overflow: How do I find the location of my Python site-packages directory?
https://stackoverflow.com/questions/122327/
how-do-i-find-the-location-of-my-python-site-packages-directory

通常 pip のインストールでは PyPI に登録されたパッケージがインストールできます。PyPI に登録されているパッケージは pypi.org のサイトで確認できます。公式ドキュメントやソースコードへのリンクも確認できるので、興味がある人は確認してみましょう。

参考　PyPI・The Python Package Index
https://pypi.org/

SECTION 4 フレームワーク

🚩 フレームワークとは何か

これまで、すでに作成されたプログラムを再利用するための仕組みとして、モジュールやパッケージといった概念を学んできました。次は、アプリケーションを効率的に開発するための仕組みとしてのフレームワークを紹介します。

ここでは、Webアプリケーションを作る場合を例に紹介します。Webアプリケーションの開発では、よく利用される機能があります。例えば、HTMLをレンダリングする、データベースにデータを保存する、HTTPリクエストを受け取った際にどのように処理するかなどです。これらの基本的な機能は、ほとんどのWebアプリケーションで必要とされます。そのため、個別に実装するとWebアプリケーションを作るたびに同じような処理を繰り返し実装することになります。

Webアプリケーションのためのフレームワークでは、このような基本的な機能が提供されています。開発者は、フレームワークを活用することでアプリケーションの独自処理に集中できるのです。

また、フレームワークには、ドキュメントが付属しています。その中にはフレームワークの利用方法や拡張方法、開発方針などが記載されています。複数人で開発する場合、フレームワークを活用することで認識合わせもしやすくなります。

フレームワークはWebアプリケーションだけでなく、様々な種類のものが存在します。例えば、本書で利用してきた `discord.py` はDiscord Botを作るためのフレームワークの一種です。

プログラミングって自分一人でプログラムを書く必要があると思っていたんですが、勉強していく中で多くの人の知恵をお借りするものだったことに気付きました。

そうですね。多くの人が開発したプログラムを公開・共有することで資産としての積み重ねがあります。積極的に利用しつつ、将来的には自身も開発や情報発信に関われると良いでしょう。

様々なフレームワーク

世の中には様々なフレームワークがあります。Web アプリケーションの開発を目的にしたフレームワークだけでも複数のフレームワークがあります。Python で有名な Web アプリケーションフレームワークには、Django や Flask、FastAPI が存在します。

表1 Python の Web アプリケーションフレームワークの例

フレームワーク	登場時期	特徴	使われやすい例
Django	2005 年	Web アプリケーション開発で必要な多くの機能が搭載されている。最初に覚えることは多いものの、チーム開発において、コードの一貫性を保ちやすい。	多機能の Web アプリケーション、CGM、EC サイト
Flask	2010 年	シンプルで最小限の機能のみが搭載されている。最初に覚えることは少なく柔軟性も高いが、多機能なアプリケーションを開発する場合は追加・検討すべき機能が多い。	小規模な Web アプリケーション、API、プロトタイプ
FastAPI	2018 年	高速であり、API を開発するための先進的な機能が搭載されている。Django や Flask と比較すると情報が少ない。	高いパフォーマンスが求められる API、リアルタイムアプリケーション

それぞれ、インターネット上でドキュメントが公開されており、個別の書籍も出版されています。また、フレームワークには Web アプリケーション向けのものだけでなく、様々な用途に特化したものがあります。

例をあげると、Bolt は、Slack ボット開発のためのフレームワークです。Slack 公式から提供されています。discord.py は、Discord Bot 開発のパッケージ・フレームワークです。Discord 公式ではなく有志で提供されています。Scrapy は、Web スクレイピングのためのフレームワークです。Kivy は、クロスプラットフォームで動作する Python アプリを開発するためのフレームワークです。

他にも、たくさんのフレームワークが存在します。開発対象のアプリケーションに応じて適切なものを選択することで、効率的にアプリケーションを開発できます。

SECTION 5　API

🚩 APIとは何か

昨今のアプリケーション開発で欠かせない概念の1つとして、APIを紹介していきます。

APIとは、Application Programming Interface の略です。すでにあるアプリケーションを別のプログラムから操作したいときに使うものです。インターフェースは英語で境界や接点を意味し、既存アプリケーションと別のプログラムの接点がAPIとなります。

つまり、すでにあるアプリケーションを制御したい場合は、APIを使うことになります。ただし、アプリケーションによって、どんなAPIを用意しているかは異なります。APIを用意していないアプリケーションもあります。

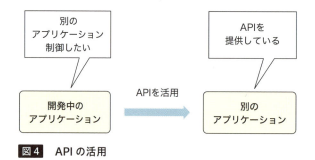

図4　APIの活用

最近では、インターネット上のサービスがAPIを用意しているケースが多々あります。

APIを使えば、今あるアプリケーションに含まれる機能をプログラムで操作して利用することができるんですね！それって、いろんなアプリのいいとこ取りのプログラムができるってことですか？

必ずしもすべてのアプリケーションに用意されているわけではありませんし、特定の機能のみ API が利用できる場合もあります。また、API 機能を有料のサービスで提供している場合もあります。

うーん。せっかく『僕の考えた最強のプログラム』ができると思ったのに…残念です。

> **Tip** RPA との関係
>
> すでにあるアプリケーションをプログラムから制御したい場面において、RPA や画面自動操作といったキーワードが登場することもあります。 RPA は Robotics Process Automation の略です。
>
> API は、アプリケーションの開発元が正規に提供しているインターフェースを使って、アプリケーションを制御します。RPA は、アプリケーションの開発元がインターフェースを提供しているかどうかに関わらず、利用者の操作をプログラムで再現することで、業務プロセスを自動化する取り組みです。
>
> 参考 総務省 RPA（働き方改革：業務自動化による生産性向上）
> https://www.soumu.go.jp/menu_news/s-news/02tsushin02_04000043.html
>
> 本書では、このような画面操作の方法や内容の詳細は紹介しませんが、筆者の経験上、画面自動操作はソフトウェアバージョンアップによって画面が変更された際に、すぐにプログラムが動かなくなるなど、維持に課題もあります。そのため、既存のアプリケーションを自動で操作したくなった場合は、まず、API が提供されていないかを確認しましょう。そして、提供されていない場合は、本当にプログラミングすべきかどうかを検討することをオススメします。

API を使ってみよう

今回は、インターネット上のサービスを操作する API を実行してみましょう。ここでは例として、Spotify という音楽サービスの API を実行してみます。

Spotify は、世界中で提供されている音楽ストリーミングサービスで、様々なアーティストが楽曲を配信しています。

SpotifyのAPIを利用すれば、自作のプログラム内で、Spotifyに登録されているアーティストや楽曲を検索できます。次のような処理のイメージになります。

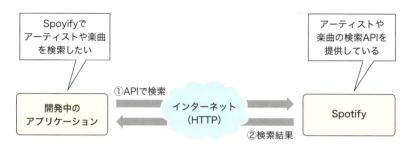

図5 Spotify APIの活用

SpotifyのAPIは、インターネット経由で呼び出します。プログラムを実行するマシンはインターネットに接続されている必要があります。このとき、HTTPと呼ばれる通信プロトコルを利用します。HTTPについては後ほど説明します。

また、開発中のアプリケーションがSpotifyのAPIを利用するためには、Spotifyのアプリを登録し、認証情報を手に入れる必要があります。認証情報は、Spotifyがあなたのアプリケーションを認識し、適切な利用権限を与えるために利用される情報です。Spotify APIを呼び出す際には、この認証情報を利用し、Spotifyの認証サーバーにアクセス許可を得る必要があります。

SpotifyなどのAPIを提供する多くのサービスは、匿名ユーザーにAPIを提供しているわけではありません。ログインアカウントに紐づけた状態で登録されたアプリケーションがAPI経由でSpotifyのデータを活用できるようにしているのです。これによりAPI提供側は、APIの利用状況を把握し、不正利用を抑止します。

ここでは、Spotifyへのアプリケーション登録は事前に行っており、認証情報としてClient IDとClient Secretを確保している前提で進めます。Spotifyへのアプリケーション登録手順はAppendix（付録）として掲載していますので、参考にしてください。

以下にSpotifyのAPIを利用するプログラムの例を示します。

search_artist.py

```python
import requests
import pprint

# Spotify API Reference
# https://developer.spotify.com/documentation/web-api/tutorials/getting-started

client_id = "" # Spotifyに登録したアプリケーションのClient IDを設定します。
client_secret = "" # Spotifyに登録したアプリケーションのClient Secretを設定します。

# 1. Spotifyで認証
auth_response = requests.post(
  "https://accounts.spotify.com/api/token",
  data={
    "grant_type": "client_credentials",
    "client_id": client_id,
    "client_secret": client_secret,
  },
)

# 2. アクセストークン取り出し
response_json = auth_response.json()
token = response_json["access_token"]

# 3. 指定されたキーワードでSpotifyを検索
response = requests.get(
  "https://api.spotify.com/v1/search",
  headers={"Authorization": f"Bearer {token}"},
  params={
    "q": "米津玄師",
    "type": "artist",
    "market": "JP",
  },
)

# 4. 整形して表示
pprint.pprint(response.json())
```

ファイルは、search_artist.py として保存しましょう。コードの全文は、サンプルコードの search_artist.py でも確認できます。

このプログラムを実行すると、Spotify のアーティストを検索した結果を表示します。なお、このプログラムでは、`requests` というサードパーティ製のパッケージを活用しています。事前に、仮想環境内で `pip install requests` を実行してパッケージをインストールしておきましょう。

実際に、実行してみると次のようになります。なお、結果の一部をマスキングしています。

実行結果

```
> python search_artist.py
{'artists': {'href':
'https://api.spotify.com/v1/search?query=......,
        'items': [{'external_urls': {'spotify': 'https://open.spotify.
com/artist/....'},
            'followers': {'href': None, 'total': 6102392},
            'genres': ['anime', 'j-pop'],
            'href': 'https://api.spotify.com/v1/artists/....',
            'id': '......',
            'images': [{'height': 640,
                        'url': 'https://...',
                        'width': 640},
                       {'height': 320,
                        'url': 'https://...',
                        'width': 320},
                       {'height': 160,
                        'url': 'https://...',
                        'width': 160}],
            'name': 'XXXXXX XXXXXX',
            'popularity': 74,
            'type': 'artist',
            'uri': 'spotify:artist......'}],
    'limit': 20,
    'next': None,
    'offset': 0,
    'previous': None,
    'total': 1}}
```

うわぁ…こういうの苦手なんですよね。

確かに混乱してしまうのも無理ないでしょう。ですがよく見て下さい。ちょっと特殊な表示になっていますが…実は辞書型のデータなんです。ここに関しては後でまた触れますので一旦先に進みますね。

今回、作成したプログラムについて、上から説明していきます。

search_artist.py の一部

```
1  import requests
2  import pprint
```

まず、この 2 行では `requests` と `pprint` の 2 つのパッケージを `import` しています。`requests` は、HTTP プロトコルでリクエストを送るためのパッケージです。`pprint` は、データを整形して表示するためのパッケージです。Python のプログラムでは、`import` はファイルの先頭に書くのが定番です。

ここに関してはもうばっちりです！ファイルの先頭に書くことで、どのパッケージを使っているのかわかりやすいですね。

いいですね！その調子でいきましょう。

search_artist.py の一部

```
10  # 1. Spotify で認証
11  auth_response = requests.post(
12      "https://accounts.spotify.com/api/token",
13      data={
14          "grant_type": "client_credentials",
15          "client_id": client_id,
16          "client_secret": client_secret,
17      },
18  )
```

次に「# 1. Spotify で認証」以下の行について説明します。ここでは `requests` パッケージの `post` 関数を呼び出しています。これは、Spotify で API の認証用アクセストークンを取得する POST リクエストの送信です。

第一引数の `"https://accounts.spotify.com/api/token"` はリクエストを送信する先の URL です。第二引数は `data` というキーワード引数に対して、辞書 `dict` を渡しています。ここに指定した情報が指定した URL へと送信されます。

送信するデータは次の三つです。

- `grant_type`：OAuth2.0 におけるアクセストークンを取得する方式を指定します。ここでは、`"client_credentials"` という文字列を指定します。
- `client_id`：登録したアプリケーションのクライアント ID を文字列として指定します。
- `client_secret`：登録したアプリケーションのクライアントシークレットを文字列として指定します。

これらのデータが、`requests` パッケージの `post` 関数で送信されます。`requests` パッケージの `post` 関数は、HTTP プロトコルの POST メソッドでデータを送信することを示します。そして、その結果を、`auth_response` という変数に格納しています。

あらかじめ認証に必要な情報を取得しておき、それを通信先に渡して認証してもらう必要があるんですね。こういうのって誰が決めるんですか？

認証方式は、サービスの提供元が決めています。ただ、多くのサービスでは、サービス独自の認証方式を作るのではなくインターネット上の標準化団体で整理された仕様に則った認証方式を採用しています。

ワタル君、疑問を持つ視点が広がってきましたね！

> **Tip　HTTP プロトコルや OAuth 2.0、アクセストークン**
>
> HTTP は、HyperText Transfer Protocol の略です。インターネットでテキストなどの文書情報をやりとりする際に利用される通信手順です。
>
> OAuth 2.0 とは、サードパーティ製のアプリケーションが HTTP サービスの一部にアクセスできるようにする仕組みです。アクセストークンは、その中で規定されている制限付きの情報にアクセスするための認証情報です。client_credentials も OAuth 2.0 の仕様として決まっている情報です。
>
> HTTP や OAtuh 2.0 は、Internet Engineering Task Force（通称、IETF）と呼ばれるインターネットに関する技術の標準化団体で仕様が整理されています。それぞれの仕様は、インターネット上で公開されていますので、より深く学びたい方は参照してください。

search_artist.py の一部

```
20  # 2. アクセストークン取り出し
21  response_json = auth_response.json()
22  token = response_json["access_token"]
```

次に、「2. アクセストークン取り出し」の処理について説明します。変数 `auth_response` には、`requests.post` 関数の実行結果が格納されています。具体的には、`requests` パッケージで定義されている Response というクラスです。Response クラスは `json()` メソッドが用意されており、これを実行しています。

そして、その実行結果を `response_json` 変数に格納しています。Response クラスの `json()` メソッドの実行結果は `dict` 形式になっています。その中から、キー `access_token` に設定されている値を取り出して変数 `token` に格納しています。

これで、変数 `token` に Spotify API のアクセストークンが格納されました。次は、発行されたトークンを使ってリクエストを送ります。

 うーん。どうして何度も変数に格納して取り出したりを繰り返すのでしょうか？かえって複雑になってしまいませんか？

今回のように辞書型で戻り値が与えられる場合は、次の処理でその中の一部分の要素しか使わないことがあります。この時に新たに変数を置くことで、目印として利用できるメリットがあります。

確かに response_json["access_token"] よりも token の方が確認するのも、コードを書くのも楽ですね～。

> **Tip** requests パッケージや Response クラス
>
> `requests` パッケージの利用方法や、`requests.post` の実行結果、`Response` クラスに用意されているメソッドなどの情報は、全て `requests` の公式ドキュメントに記載されています。他にも便利な機能が多数用意されているため、興味がある人は参照してみてください。
>
> 参考 requests の公式ドキュメント
> https://requests.readthedocs.io/en/latest/
>

search_artist.py の一部

```python
24  # 3. 指定されたキーワードで Spotify を検索
25  response = requests.get(
26      "https://api.spotify.com/v1/search",
27      headers={"Authorization": f"Bearer {token}"},
28      params={
29          "q": "任意のアーティスト名",
30          "type": "artist",
31          "market": "JP",
32      },
33  )
```

次に「# 3. 指定されたキーワードで Spotify を検索」について説明します。ここでは `requests` パッケージの `get` 関数を呼び出しています。これは、Spotify での検索用 API に GET リクエストを送信しています。

これで Spotify を利用して、情報を検索できます。

第一引数の `"https://api.spotify.com/v1/search"` はリクエストを送信する先の URL です。第二引数は `headers` というキーワード引数に対して、第三引数でも

`params` というキーワード引数に対して、辞書 `dict` を渡しています。ここに指定した情報が指定した URL へと送信されます。

`headers` は、HTTP ヘッダーの指定であり、`params` は、クエリストリングの指定です。ここで詳細は説明しませんが、共に HTTP プロトコルの用語です。

HTTP ヘッダーには、`Authorization` というキーに対して、`Bearer` とアクセストークンを指定しています。このように指定することで、認証済みのリクエストであることをリクエスト先の Spotify API に示すことができます。この形式は、Spotify 側で指定されたものであり、OAuth 2.0 の仕組みの一部です。

クエリストリングには、検索条件を指定しています。それぞれのキーの意味は、以下のようになります。全て、Spotify API の使用方法に則った指定になります。

- `q` は、検索クエリです。任意の文字列が指定できます。今回は `任意のアーティスト名` を指定しましょう。
- `type` は、検索対象です。`album` `artist` `playlist` `track` など様々な対象を指定できますが、今回は、`artist` を指定してアーティストに絞り込んで検索しています。
- `market` は、国コードです。ここでは、日本である `JP` を指定しています。

詳しい仕様は利用する API のドキュメントを調べてみましょう。

 Tip　Spotify API の利用方法

Spotify API の利用方法は Spotify の開発者向けドキュメントに記載されています。ドキュメントを見れば、どのようなものが検索できるか、また、その際にどのようなパラメータを指定できるかを確認できます。ドキュメントはインターネット上に公開されておりますので、興味があれば、確認してください。

参考　Spotify for Developers: WebAPI ドキュメント
https://developer.spotify.com/documentation/web-api

search_artist.py の一部

```
35  # 4. 整形して表示
36  pprint.pprint(response.json())
```

「# 4. 整形して表示」は、pprint パッケージの `pprint` という関数を利用して、辞書 `dict` を整形して表示しています。`pprint` は Python 標準パッケージに含まれているパッケージの1つです。Spotify API のレスポンスは、JSON の形式で返ってきます。また、その JSON 形式の構造は Spotify API のドキュメントで説明されています。

 JSON とは

JSON は、JavaScript Object Notation の略で、「ジェイソン」と読みます。HTTP などの通信においてデータを交換するための形式です。Python の dict に似ており、requests パッケージは、受け取った JSON のデータを dict に変換できます。

 Spotify API で情報を検索してみよう

1. 好きなキーワードでアーティストを検索してみよう。
2. アーティストではなく、アルバムや楽曲を検索してみよう。

SECTION 6 Discord Bot の拡張

🚩 API で Discord Bot を拡張しよう

では、これまでの総まとめとして、先程動かしてみた API を使ったプログラムを Discord Bot に組み込んでみましょう

はい！ここまで教わった内容を思い出しながら頑張ってみます！

ここまでこの Chapter では、ライブラリやフレームワーク、API といった知識を学んできました。例えば、Chapter3 や Chapter4 で動かしてきた Discord Bot を作る際に活用した discord.py はフレームワークの一種です。また、discord.py は、Discord に対して API を実行しています。現状の知識をもとに改めて、読み返してみるとさらに理解が深まるかもしれません。

また、1つ前の Section5 では Spotify の API を使って、自作のプログラムからアーティストを検索してみました。ここでは、そのプログラムを Discord Bot に組み込むことで、アーティストを検索する Discort Bot を作ってみましょう。

🚩 Discord Bot にどんな機能を組み込む？

コードを書く前に、まずはどのような処理が行われる必要があるのかを細かく順番に分けて考えてみましょう。処理全体のフローを考えてみると、新たに必要な部分が見えてきます。

「アーティストを検索する Discord Bot」を作るにあたり、具体的な Discord Bot の動作や処理の内容をイメージしてみましょう。Chapter3 で学んだ Discord Bot の仕組みや

Chapter5で学んだSpotify APIの実行方法をもとに考えると、次のような処理の流れが想像できます。なお、Spotify APIは、個人利用に限り利用が許可されています。そのためここで作ったBotは家族や友達をはじめ、自分以外に共有してはいけません。ここではプログラミング学習の一環としてDiscord BotにAPIを組み込みます。

項目	説明
①	検索キーワードを指定したコマンドをDiscordに投稿します。
②	Discord Botに実装された検索コマンドが実行されます。指定されたキーワードを受け取ります。
③	Discord BotからSpotifyの検索APIが実行されます。指定されたキーワードで検索します。
④	Spotifyでの検索結果を受け取ります。0件の時もあれば、複数件の場合もあります。
⑤	Spotifyから受け取った検索結果をDiscordに表示するように整形します。
⑥	Discordに投稿されたメッセージで検索結果を確認します。

図6／表2 Spotify APIを利用したDiscord Botの処理の流れ

プログラムを書くときって、なんとなくコードさえわかれば作れるのかと思ってましたが、実際にはどのような処理が行われるかについて正しく理解することも重要なんですね。

そうですね。データ型が重要という話もしましたが、どのようなデータに対して、どういう順番でどのような処理が行われていくのかを分解して理解しておくことでより適切なプログラムを作成できるようになります。

いきなりは難しいと思うけど、ワタル君がんばれ〜！

また、このように処理の流れを明らかにしてみると、例えば、次のようなケースがあると想像できます。

- Spotify の検索結果は、どのように表示しよう？
- 利用者が誤って、検索キーワードを入力しないことがあるかも
- 利用者が入力した検索キーワードが長すぎる場合があるかも（数百文字とか）
- Spotify の検索結果が、0 件の場合は、なんと表示しよう？
- Spotify の検索結果が複数あった場合は、どうしよう？

うーん。よく考えると思っていた通りにならないケースっていっぱいあるものですね…考えなきゃいけないことがいっぱいだなぁ。

そうなんです。ここで発生する可能性のある様々なケースに気付くことができれば、その対応をプログラムの条件として組み込めます。

今回は、次のような動作をする Discord Bot を作ることにしましょう。

- まず、検索結果は、Spotify のアーティストページへのリンクとして表示する。
- 入力データや検索結果の違いによる挙動は、次のようにする。

表3　今回の入力データの状況と想定する動作

状況	動作
検索キーワードが短すぎる（1 文字）	「2 文字以上の検索キーワードを入力してね」と返す
検索キーワードが 20 文字を超えていた	「検索キーワードは 20 文字以内にしてね」と返す
検索結果が 0 件だった	「検索結果が 0 件だったよ。キーワードを調整してみてね」と返す
検索結果が複数あった	「複数見つかったけど、これ？ https://」と返す

このようにアプリケーションがどのように動作するかを整理した情報を**仕様**と呼びます。また、どのように動作すべきかを検討・整理することは**設計**と呼ばれます。次は、この Discord Bot を実際に実装してみましょう。

ただただコードを書くだけがプログラミングじゃないんですね。確かに全体像がわからなければ、どんなプログラムなのかわからないです。
「仕様」と「設計」も難しそうですが楽しそうですね！

🚩 Discord Bot に機能を実装しよう

実際に、上記の機能を実装していきましょう。まずは、Spotify API のサンプルコードを次のように修正します。`search_artist` 関数に検索文字列を渡して実行すれば、Spotify API でアーティストを検索した結果を得られるようにします。

```python
spotify.py
import requests

client_id = "" # Spotify に登録したアプリケーションの Client ID を設定します。
client_secret = "" # Spotify に登録したアプリケーションの Client Secret を設定します。

def search_artist(keyword):
    # 1. Spotify で認証
    auth_response = requests.post(
        "https://accounts.spotify.com/api/token",
        data={
            "grant_type": "client_credentials",
            "client_id": client_id,
            "client_secret": client_secret,
        },
    )

    # 2. アクセストークン取り出し
    response_json = auth_response.json()
    token = response_json["access_token"]

    # 3. 指定されたキーワードで Spotify を検索
    response = requests.get(
        "https://api.spotify.com/v1/search",
        headers={"Authorization": f"Bearer {token}"},
        params={
            "q": keyword,
            "type": "artist",
            "market": "JP",
        },
    )

    return response.json()
```

ここではファイル名は spotify.py としましょう。コードの全文は、サンプルコード spotify.py でも確認できます。

次に、Discord Bot 部分のコードを書きます。以下が、実装コードの例です。

```python:app.py
import discord
import spotify
from discord.ext import commands

TOKEN = "" # ここに Discord の Bot の Token を入れる

intents = discord.Intents.default()
intents.message_content = True
bot = commands.Bot(command_prefix=">", intents=intents)

@bot.command()
async def search(ctx, keyword):
    if len(keyword) < 2:
        await ctx.send("2 文字以上の検索キーワードを入力してね ")
        return
    elif len(keyword) > 20:
        await ctx.send(" 検索キーワードは 20 文字以内にしてね ")
        return

    result = spotify.search_artist(keyword)

    if len(result["artists"]["items"]) == 0:
        await ctx.send(" 検索結果が 0 件だったよ。キーワードを調整してみてね ")
    elif len(result["artists"]["items"]) == 1:
        url = result["artists"]["items"][0]["external_urls"]["spotify"]
        await ctx.send(url)
    elif len(result["artists"]["items"]) > 1:
        url = result["artists"]["items"][0]["external_urls"]["spotify"]
        message = f" 複数見つかったけど、これ？ {url}"
        await ctx.send(message)

bot.run(TOKEN)
```

コードの全文は、サンプルコードの app.py で確認できます。

今回作成した app.py のコードの一部を説明しましょう。以下の部分は、入力された
キーワードの長さをチェックしています。長さに応じて、メッセージを投稿しつつ、
`return` で関数の処理を終了しています。

app.py の一部

```
13      if len(keyword) < 2:
14          await ctx.send("2 文字以上の検索キーワードを入力してね ")
15          return
16      elif len(keyword) > 20:
17          await ctx.send(" 検索キーワードは 20 文字以内にしてね ")
18          return
```

この Bot では「>search 文字列」という入力に反応します。この文字列は引数
keyword に格納されて、if 文の条件式にも利用します。条件に当てはまった
場合はメッセージを出力し関数を終了します。

今回の if 文で使った len 関数は文字列を引数とし、戻り値として変数
keyword に格納された文字列の文字数を返すんですね。

その通りです。それによって変数に格納された文字列が 2 文字以上 20 文字以
内の場合は、もう一つのプログラム spotify.py が関数として動きます。

if 文もしっかりマスターできたみたいですね。いい感じ！

以下は、指定されたキーワードを使って、事前に用意した Spotify の API を使ってアー
ティストを検索する関数を実行しています。

app.py の一部

```
20      result = spotify.search_artist(keyword)
```

新たな変数 result が登場しています。この変数には spotify.py で定義した search_artist 関数に引数 keyword を与えた場合の結果が格納されます。

変数 keyword が共通だから、そのまま search_artist 関数でも利用できるんですね！

はい。先程はプログラム上で検索するアーティスト名を直接指定していましたが、変数にしたことで Discord Bot を介してユーザーの入力に対応するようになっています。

なるほど！自分で作った関数を別のプログラムで利用できるのは面白いです。プログラムを機能別に分けておくことでわかりやすくなるって言っていた意味も実感しました。

それは良かったです。次は search_artist 関数の戻り値である変数 result の中身を確認して Discord 上に表示する必要があります。この変数 result は Section5 で触れましたが辞書型のデータでしたね

以下の部分は、検索結果の中身を確認し、それに応じて結果を表示しています。`result["artists"]["items"]` や `result["artists"]["items"][0]["external_urls"]["spotify"]` といった記載があります。これは `dict` の中に `dict` や `list` が入れ子になって定義されているため、逐次的に辿って必要な情報を取得しています。

app.py の一部

```python
22      if len(result["artists"]["items"]) == 0:
23          await ctx.send("検索結果が 0 件だったよ。キーワードを調整してみてね")
24      elif len(result["artists"]["items"]) == 1:
25          url = result["artists"]["items"][0]["external_urls"]
                ["spotify"]
26          await ctx.send(url)
27      elif len(result["artists"]["items"]) > 1:
28          url = result["artists"]["items"][0]["external_urls"]
                ["spotify"]
29          message = f"複数見つかったけど、これ？ {url}"
30          await ctx.send(message)
```

これを見て感じてほしいのは、どのようなデータ型で戻り値が返ってくるのかという部分が重要ということです。どのようなデータ型が返ってくるかを理解しておかないと次の処理を正しく設定できません。

うーん。ここはかなり難しいです… result の中身の辞書は JSON 形式の構造で定められていと思うので、後で Spotify のドキュメントを見ながらコード上のそれぞれが何を指しているのか確かめてみます！

このコードを実際に実行してみると次のようになります。

検索キーワードが長すぎたり、短すぎる時は次のようなメッセージが返ってきます。

Tip dict や list の入れ子

Pythonでは、 `dict` や `list` の要素として、別の `dict` や `list` を入れられます。そして入れ子になった要素は `[]` を連続して指定することで参照できます。

- list に dict を入れて、参照する例

実行結果

```
>>> event1 = {"event_name": " 花火大会 ", "date": "2024-08-01"}
>>> event2 = {"event_name": " 文化祭 ", "date": "2024-09-15"}
>>> events = [event1, event2]
>>> events
[{'event_name': ' 花火大会 ', 'date': '2024-08-01'}, {'event_name': ' 文化祭 ', 'date':'2024-09-15'}]
>>> events[0]
{'event_name': ' 花火大会 ', 'date': '2024-08-01'}
>>> events[0]["date"]
'2024-08-01'
>>> events[1]["event_name"] ' 文化祭 '
```

- dict に list を入れて、参照する例

```
>>> tokyo_temperatures = [22, 24, 19]
>>> osaka_temperatures = [25, 27, 23]
>>> japan_temperatures = {"Tokyo": tokyo_temperatures, "Osaka": osaka_temperatures}
>>>
>>> japan_temperatures
{'Tokyo': [22, 24, 19], 'Osaka': [25, 27, 23]}
>>> japan_temperatures["Tokyo"]
[22, 24, 19]
>>> japan_temperatures["Tokyo"][2]
19
>>> japan_temperatures["Osaka"][2]
23
```

今回は Discord Bot 経由で Spotify のアーティスト検索 API を実行してみました。Python のプログラムのみであれば、利用するには Python がインストールされているマシンが必要です。しかし、Discord Bot の形式にすれば、スマートフォンから Discord にアクセスして、開発したアプリケーションを使うこともできます。

このようにして、Python のプログラムとして開発したコードに Discord Bot のような UI を組み合わせていけばどんどん便利なものが出来上がってきます。

これで API を使った Discord Bot 作りはおしまいです。自分で設計や仕様を考えて、コードを書いていくというアプリケーションの開発体験はどうでしたか？これから自分でもやって行けそうですか？

やりたいことを1つ1つの処理に分解して、プログラムを設計するところからはじめればいいんですね。必要な関数ができたら、それを動かせるように Discord Bot を修正していくと…

プロセスは同じですが、利用する API やパッケージなどの情報を自分で集めて理解する必要があります。まずは今回のコードをもとに新しい機能を追加するなど、できるところからチャレンジしてみて下さい。

 Try　Discord Bot にさらに機能を追加してみよう

1. 楽曲検索コマンドも追加してみよう
2. 検索で取得したアーティストの ID を使って、アーティスト詳細を取得する API を実行し、日本語のアーティスト名を取得してみよう。それを Discord Bot に組み込んで表示してみよう

本章では Python プログラミングの応用として、モジュール、ライブラリ、フレームワーク、API を学びました。また、それらを活用して、Spotify と Discord Bot を連携させた機能を作りました。本書で紹介していない知識もまだまだ存在しますし、Python を使えば、Discord Bot だけでなく様々なものを作ることができます。次の Chapter では Python を使って、自分自身でアプリケーションを作っていくために必要な情報収集の方法として、役に立つ知識を紹介します。

PART 3

CHAPTER

6

動くアプリケーションを
作った先に

この章で学ぶ内容

- プログラミング学習の進め方
- アプリケーションの公開
- 技術情報に触れる
- 技術の世界の広げ方

今日はありがとうございました。Python プログラムはとても楽しかったのでこれからも勉強したいのですが、どうやっていけばいいのか教えて下さい！

はい。ここからは大きく 2 つのアプローチがあるので順番に解説していきますね。

この本では、Python プログラミングの流れや文法を学びながら、Discord Bot を動かしてきました。ここまで学んできたことをふまえれば、Discord Bot で様々なことができるようになっているでしょう。次は、動くアプリケーションを作った後のプログラミング学習における 2 つの進み方を紹介します。

1 つ目は作ったアプリケーションを起点にして様々な人と繋がりながら、学習を進めていくパターンです。もう 1 つは、Python や技術を足掛かりにして、より深い技術や様々な技術を学んでいくパターンです。どちらの進め方を選ぶのかは、プログラミングを学んで何がしたいのかによって変わります。

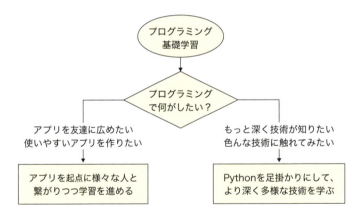

図1　これからのプログラミング学習の進め方

ここではそれぞれのパターンにおいて、何を学んでいくことになるか、どんな課題に遭遇するかについて紹介します。また、それらの課題に関する情報を各自が調べていく際に参考になる情報や考え方も掲載していきます。総じて、技術で世界をより広げていくための情報や考え方になりますので、今後の学習に役立ててください。

SECTION 1 アプリケーションで人とつながる

作ったアプリケーションで人と繋がるためには、そのアプリケーションの利用者を増やしていくことが大切になります。しかしながら、本書を読んでいる人のうち、作ったアプリケーションを「公開するのが怖い」と思う人も少なからずいることでしょう。「アプリケーションを公開する」という目標に真面目に向き合うと、様々な課題と不安が見えてきます。

- 動かなかったらどうしよう
- 予期せぬ問題が起きたらどうしよう
- 批判されたらどうしよう
- 炎上したらどうしよう

アプリケーションの公開にはそれに至る段階が存在します。次の図は公開への段階を示しています。もっと細かく段階を分けることもできますが、ここでは4つに分けて説明しています。大切なのは、「徐々に利用者の人数や範囲を広げられる」ということです。急に不特定多数に公開しなければならないわけではありません。

図2 作成したアプリケーションの4つの公開段階

これらの段階を一気に登ろうとすると、急に課題がたくさん出てきます。そして、それらの課題を解決するためにはそれ相応の知識が必要になります。急にたくさんの課題に遭遇すれば、必要な知識の膨大さに圧倒され、意気消沈することもあるでしょう。

重要なのは、小さな段階に分解して、1つずつ確実に登っていくことです。ただし、それぞれの段階でどのような課題に遭遇するかは、開発対象のアプリケーションの性質や開発の背景により異なります。本書の中では、全てを網羅した課題の一覧や、その個別の課題に対する具体的な解決策は紹介できません。

実際の開発では、各自が自身の状況をもとに段階を分解し、課題を洗い出し、それぞれの解決策を検討することになります。本書では、それぞれの段階で遭遇することが予想できる課題の例を紹介していきます。

また、遭遇する状況や解決策の例、関連用語を合わせて紹介しますので、今後の学習や検討の参考にしてください。

🚩 STEP1. 自分用のアプリケーションを作ってみる

STEP1は、自分が作ったアプリケーションを自分自身で使えるようにする段階です。本書では、自身のコンピュータでDiscord Botのアプリケーションを立ち上げて、Discord Botを利用できることを確認してきました。これはSTEP1に該当します。本書で扱ってきた内容は、主にSTEP1を登るための知識でした。

STEP1の中では次のような課題に遭遇します。

表1 STEP1で遭遇する課題の例

課題	状況の例	解決方法の例	関連用語の例
Pythonの基本がわからない	for文やif文の使い方がわからない	Chapter3を読み直す。Pythonの公式ドキュメントやオンライン教材を利用する。Pythonの文法書を読む。	Pythonチュートリアル、変数、条件分岐、ループ、対話型プロンプト
Botにコマンドを追加したい	Botに「こんにちは」と返させるには？	Chapter3を読み直す。discord.pyのコマンド機能を使う。discord.pyの公式ドキュメントを読む。	discord.pyのコマンド、discord.pyの公式ドキュメント
外部のAPIを使いたい	BotでSpotifyの音楽を検索したいな	Chapter4を読み直す。Spotifyの公式ドキュメントを読む。	Spotify API、requests、ライブラリ、JSON
コードが長くなって管理が大変	機能が増えてきて、どこに何があるかわからない	Chapter3と4を読み返す。関数やクラス、パッケージ、モジュール化を行う。	関数、クラス、モジュール化、可読性、保守性
Discord Botの作り方がわからない	Botってどうやって作るの？	本書の付録を読む。Discord Developer Portalを読む。discord.pyの使い方を学ぶ。	discord.py、Bot Token、Discord Bot開発者向けドキュメント、OAuth
Botがエラーで動かない	たくさん文字が出てきた！	エラーメッセージを読む。エラーメッセージに表示されている行を確認する。	例外処理、デバッグ、pdb

ここで紹介した課題はあくまで一例ですが、それぞれに対応する解決方法の例や関連用語の例を紹介しています。STEP1の段階に自信がない人は、解決方法に取り組んでみたり、関連用語でインターネットを調べてみるとよいでしょう。参考になる情報が見つかるかもしれません。

Pythonの基本がわからない状況や、エラーで動かなくなる状況などは、Disocrd Bot以外のアプリケーションを作る際も遭遇しやすい課題です。Discord Bot以外のアプリケーションでも役に立つ知識ですので、しっかりと学び理解していくことをオススメします。

STEP2. 友達にアプリケーションを使ってもらう

次に、STEP2として、開発したDiscord Botを友達のサーバーでも使ってもらうことを考えます。ここではその際に遭遇する課題を紹介します。

この段階になると1人で利用していた状況と違い、自分の知らないタイミングでBotが利用されるようになります。また、自分自身が想像もしない機能の提案を受け取り、その実現方法の調査が必要になることもあるでしょう。さらには、ボットの稼働を安定させたり、スムーズに変更を進めていくための悩みも増えてきます。セキュリティに関する課題やデータ管理の心配も出てくるでしょう。クラウドサービスの利用も開始し、稼働維持のために費用が発生してくるかもしれません。

STEP2の中では次のような課題に遭遇します。

表2 STEP2で遭遇する課題の例

課題	状況の例	解決方法の例	関連用語の例
Botが止まらないようにしたい	パソコンを閉じるとBotが止まってしまう	サーバーを構築する。クラウドサービスを利用する。	Amazon Web Service、Google Cloud、Microsoft Azure、Heroku、VPS、Docker、Linux、Raspberry Pi
Botにボタンを表示したい	投稿にボタンをつけられるらしいけど、作り方がわからない	Discordの開発ドキュメントを読む。discord.pyのドキュメントを読む。	UI、Button、Bot UI Kit
友達のサーバーにBotを入れたい	どうやって招待するんだっけ？	Appendixを読み返す。OAuth2の仕組みを学ぶ。招待リンクを発行する。	OAuth2、認証認可
友達が希望する機能を作れない	○○という機能が欲しいと言われたけど、作り方がわからない	Discordの開発ドキュメントを読む。インターネット上で事例を探す。	GitHub、discord.pyの公式ドキュメント、Discordの開発者ドキュメント
Botが急に停止した	知らない間にBotが止まっている	エラーハンドリングする。ログを出力する。	try-except、ロギング、監視、例外処理、エラー処理
サーバーごとの設定を保存したい	サーバーによって挨拶の文言を変えたい	データの保存方法・読込方法を学ぶ。簡単なDBを使ってみる。	ファイル操作、SQL、SQLite
コードの変更履歴を残したい	どこまで修正したのかわからない。もとに戻したい	Git/GitHubやGitLabなどを使い、バージョンを管理する。	Git、GitHub、GitLab、バージョン管理、ソースコード管理、リポジトリ
コードの管理が心配	Botのトークンはリポジトリに入れちゃダメらしい	環境変数・機密情報の扱い方を学ぶ。	環境変数、.gitignore

ここで紹介した課題もあくまで一例であり、解決方法や関連用語もあくまで参考情報となります。STEP2の段階の課題に悩んでいる人は、これらの方法に取り組んだり、用語を調べてみることをオススメします。また、本書で扱ったSpotfy APIのように個人的な利用に限り利用が許可されている場合もあります。APIを利用する場合は、利用規約の厳密な確認が必要になる点に注意してください。

一般に個人で作っていたものを友達に使ってもらうと、1人で使っている場合には考えることがないような課題に出会います。また、Discord Bot以外のアプリケーションを開発する際でも、まずは身近な人に使ってもらい、フィードバックを得ながら改善を進めていくことで、心理的なハードルを下げられます。友達に見せるのが恥ずかしい場合や、友達に見せたくない場合は、プログラミングスクールの講師や先輩に見てもらうのも1つの方法になります。

STEP3. 招待を増やして、より多くの人に使ってもらう

さらにSTEP3として、友達だけでなくより多くの人に使ってもらうことを考えます。不特定多数の人に使ってもらうことに不安がある場合、知り合いや紹介等を介して招待した人に使ってもらうことができます。そうすることで、自分自身と友達だけで利用していた状況とは違い、新しい課題が見つかります。

例えば、Botで実行される処理やデータの量が増えたり、安定動作に対する期待も高まっていきます。利用者のデータを預かる場合、責任も増えていきますし、もしかすると共同開発者なども見つかるかもしれません。

STEP3 の中では次のような課題に遭遇します。

表3 STEP3 で遭遇する課題の例

課題	状況の例	解決方法の例	関連用語の例
データの管理が大変	利用者と機能が増え、保存するデータの種類も増えた	本格的にデータベースを学ぶ。	SQL、リレーショナルデータベース、MySQL、PostgreSQL、ORM、SQLAlchemy
同じ処理の繰り返しだけど反応が遅い	複数の利用者が同時に機能を利用している	キャッシュを学ぶ。	キャッシュ、LRU、LFU、メモ化、Redis
修正後の動作確認の手間が大きい	新機能追加や機能微調整の度に動作確認が大変	ユニットテスト、自動テストを学ぶ。CI/CD を学ぶ。	ユニットテスト、unittest、pytest、CI/CD、GitHub Actions、Circle CI
Bot の使い方の説明の手間が大きい	毎回使い方を説明していて負担が大きい	ヘルプコマンドを作る。ドキュメントを書く。	Markdown、reStructuredText、Sphinx、Wiki、README
他の人の修正とぶつかる	初めて複数人で開発することになった	GitHub のプルリクエストや GitLab のマージリクエストの使い方を学ぶ。	ブランチ管理、Gitflow、GitHub Flow、コードレビュー、マージ、チーム開発
データの取り扱いが心配	個人情報を扱う機能を作ったけど大丈夫かな	データ保護の基本を学ぶ。暗号化の方法を知る。	暗号化、個人情報保護法、GDPR

ここで紹介した課題や解決策は、STEP1 や 2 と同様にあくまで例となります。STEP3 において大切なのは、不特定多数の人に公開する前に、多様な利用者や場面でアプリケーションを触ってもらい、問題を洗い出して対応することです。ここでは、そのために知り合いや紹介を介して招待した人に使ってもらうことを記載しました。ただ、それも抵抗がある場合、招待した人たちが利用できる期間や人数を限定し、その制限の範囲内で使ってもらい、問題があれば取り下げる方法もあります。

このような考え方は、Discord Bot 以外のアプリケーションを開発する場合でも利用できます。例えば、実務としてシステム開発の場合は、UX デザイン専門の会社に UX リサーチを依頼し、実際に利用者の目線からフィードバックを洗い出してもらったり、動作確認専門の会社にテストを依頼し、不具合を洗い出すことあるでしょう。他にも、ベータ版と銘打って、不安定な状態であることを許容してもらいつつ、利用してもらうこともあり得ます。

STEP4. アプリケーションを一般公開して たくさんの人に使ってもらう

最後に、STEP4としてアプリケーションを一般公開して、不特定多数の人に使ってもらう段階を考えていきます。不特定多数の人が利用できるようにすると、利用者の人数が増える可能性もありますし、社会的な責任も伴っていきます。さらに、アプリケーションの提供を維持するためには、関連した費用が必要となったり継続的なメンテナンス・保守の時間も必要になっていきます。

以下は、STEP4で遭遇する課題や解決方法の例です。

表4 STEP4で遭遇する課題の例

課題	状況の例	解決方法の例	関連用語の例
法律要件が心配	データの扱い方をきちんと説明しないと...	利用規約・プライバシーポリシーを用意する。法的要件に対応する。弁護士に相談する。	個人情報保護法、GDPR、利用規約、プライバシーポリシー
セキュリティが心配だ	イタズラされないか不安、悪意ある使われ方をされたらどうしよう	セキュリティのベストプラクティスを学ぶ。脆弱性診断を使う。セキュリティの専門家に相談する。	入力の検証、サニタイズ、インジェクション、OWASP、脆弱性
大量のアクセスに耐えられない	利用者が増えて、Botが停止しやすくなってきた...	スケーラビリティを学ぶ。サーバーリソース管理を知る。インフラの専門家に相談する。	スケーラビリティ、クラウドサービス、負荷分散、非同期処理、ロードバランサー、キャッシュ、CDN
ユーザーからの要望が多い	機能追加要望がたくさんくる	コミュニティ運営を学ぶ、バグトラッキングシステムを知る。カスタマーサポート。	GitHub Issue、プロジェクト管理、Jira、Asana
継続的な改善の負担が大きい	定期的なアップデートやバグ修正が大変だ	継続的デリバリー、モニタリング、エラートラッキングを知る。	CI/CD、アプリケーションパフォーマンス管理(APM)、ログ管理、DB監視、Amazon Web ServiceのCloudWatch、Google CloudのCloud Logging、Sentry、Mackerel、Datadog
Webアプリケーションと連携したい	Discord Botの設定をWebブラウザで行いたい	APIサーバーの作り方を学ぶ。Webフレームワークを使う。	Django、FastAPI、REST API、認証
収益化を考えたい	サーバー費用も増え、運営にもお金がかかるようになってきた	有料機能、サブスクリプション機能を検討する。マーケティング。	決済システム連携、Stripe、PayPal
Botの悪用が心配	いじめや荒らしに使われないだろうか	コンテンツモデレーションについて学ぶ。ユーザーの報告を受け取る仕組みを作る。	自然言語処理、機械学習、問い合わせシステム

この段階になれば、アプリケーションに関わる人もどんどん増え、技術の問題だけでなく、人の問題が増えていきます。利用者が安心してアプリケーションを利用できるように、ユーザーサポートやモニタリングも必要になり、継続性や安定性を高めるための課題が増えます。単なるアプリケーションの提供というより、改善や維持の仕組みもふまえて、サービスを提供していくことになります。

また、アプリケーションの性質や開発組織の状況によって、「それぞれの段階でどのような課題に対応しなければならないか」は異なります。例えば、機密性の高いデータを預かるアプリケーションであれば、利用規約やプライバシーポリシー、セキュリティは、初期段階で検討されるかもしれません。収益化が難しいアプリケーションであれば、可能な限り利用者を制限するかもしれませんし、マーケティングの視点は、開発の初期段階から必要との主張もあるでしょう。

規模が大きくなるほど、1人では提供できず、チームや組織を作っていく検討も進んでいきます。そして、チームや組織を作り、効果的に開発を進めていくためには、開発の流れや役割分担など、チームに関する検討も必要となっていきます。より多くの人に使ってもらい、価値を生むアプリケーションが開発できれば、様々な人と繋がり、一緒に活動することができます。

アプリケーションを公開するまでにはたくさんの課題があるんですね。大変そうだな……。

そう。簡単なことじゃないね。だから、一度に全ての課題を解決しようとせずに、段階を分け手分けして少しずつ達成していくんだよ。できることを少しずつ広げて、その中でスキルや仲間を見つけていくのが大切だよ。

なるほど！ RPG みたいですね。
ゲームみたいに考えるとワクワクして来ました！

SECTION 2 Pythonを足掛かりに技術の世界へ

次は、Pythonでのプログラミングを足掛かりにして、さらに技術の世界への理解を深めていく方向の話をしましょう。技術は、絶え間なく変化・進歩していきます。特に、Pythonのようなソフトウェア・プログラミングの技術の進歩は目を引くものがあり、1年や2年で知識が古くなることも珍しくありません。

本書では、可能な限り陳腐化しない情報の記載を心がけていますが、それでも時間の経過と共に情報が古くなっていきます。読者の方が、プログラミングを今後も続けていくためには、各自が自ら技術の情報を調べて身につけていくことが大切になります。そのためには、それ相応のスキルや知識が必要になります。

最近は、個人が自ら情報を集め、技術について学んでいくハードルが下がっていますが、それに付随した課題もたくさん生まれています。また、技術を学ぶハードルが下がったからこそ、技術を起点として様々な世界が広がっている状況でもあります。

ここではこのような状況を踏まえ、技術を自ら学んでいく際に、遭遇しやすい課題や解決策の例について紹介していきます。併せて、それらの状況の背景にある考え方も説明していきますので、読者の方が今後、独学を進めていく上での参考にしてください。

どんどん身近になる情報技術

近年、プログラミングがどんどん身近になってきました。身近になってきた背景としては、Chapter2 で紹介したようなコンピュータの発展、インターネットの普及、自由ソフトウェア運動、GitHub といったプラットフォームの登場などがあります。ここでは、個別の背景は紹介しないため、興味を持った方は自ら調べてみてください。

また、直近の話題で言えば、ChatGPT が急速に普及したことで、これまでにないレベルで、情報技術・プログラミングに触れるハードルが下がっています。それにより各自が独学し、なんとなく動くものを作りやすい時代への変化が進んでいます。なんとなく動くものがすぐ作れる時代への変化が進む中で、新たな課題も登場していきます。

例えば、次のような遭遇しやすい課題があります。

- 動くプログラムは出来上がったけど、どうして動いているのかわからない
- 自分がやりたいことを実現するパッケージが見つかったけど、どういう仕組みかわからない
- 独学で勉強してきたけど、行き詰まってしまう。周囲に同じレベルの仲間がいない
- 情報がたくさん見つかるけど、それぞれ言ってることが違う。何を信じればいいかわからない

また、簡単に作れるからと言って、危険やリスクがないとは限りません。プログラミングの技術は強力ですが、使い方に気をつけなければ予期せぬ問題に遭遇しかねません。誰もがプログラミングを学び、情報を発信できる世の中になっているからこそ、一人一人の倫理観が重要になります。

確実な技術の情報を確かめる

インターネットへのアクセスが当たり前になり、誰もが情報を公開できるようになった世の中では、情報の信頼性を確認することが大切になります。なぜなら、インターネット上で見つけられる情報が必ずしも正しい情報であるとは限らないからです。情報の発信ハードルが下がったことで、悪意を持たなくても間違った情報が発信されることも増えています。

そのため、インターネットを使って技術を学んでいくためには、情報の裏どりをし、信頼性を確認する考え方が重要です。そして、信頼できる情報を得るためには、確かな情報を発信する情報源を知っておくことが必要です。確かな情報源を知っておくことで、情報の信頼性を確認しやすくなり、技術を着実に学べるようになります。

Python のようなプログラミング技術では、公式ドキュメントが重要になります。なぜなら、公式ドキュメントは、Python を開発する組織が管理する情報源であり、他の情報源と比較しても信頼性が高いからです。

公式ドキュメントを基に技術を学ぶことで、知識の誤りや勘違いを正すことができ、より確実に技術を学ぶことができます。

他にも、開発がオープンなソフトウェアの場合は、リポジトリや Issue を確認することも大切です。なぜなら、これらはソフトウェアの開発者やユーザーが実際に直面した問題や解決策に関する情報であるからです。これらは最新のソフトウェアの開発状況を知るだけでなく、開発経緯や技術的な背景を理解するために重要な情報になります。

ただし、開発元が提供する資料や開発リポジトリや Issue の情報でなければ読むべきではないと言ってるわけではありません。上記のような資料は、厳密かつ重要な情報ですが、経験ある技術者向けの記載となっており、初心者の目線では理解しにくいこともあります。開発元が提供した資料や公開情報だけでは理解が難しい場合は、様々な書籍やインターネット上の記事や動画を確認することで理解が進むこともあります。

重要なのは、1つ1つの情報の発行元が誰であり、その情報が何を目的として発行されたのか、を意識することです。そうすれば、大量の情報による混乱を抑止できます。

> **Tip** リポジトリと Issue
>
> リポジトリとは、プログラムのソースコードや関連ファイルを保管する場所です。多くのオープンソースソフトウェアは、GitHub などのプラットフォーム上でリポジトリが公開されています。リポジトリには、プログラムのコードやドキュメント、ライセンス、サンプルコード、テストコードなどが保管されています。自分が使うライブラリのリポジトリは確認してみることをオススメします。
>
> Issue は、ソフトウェアに関する改善要望や問題点が報告・議論される場所です。例えば、あるライブラリが特定の Python バージョンで動かないという状況の報告や、何かを追加するための機能の要望が上がり、それについて議論されます。開発がオープンなソフトウェアでは、これらの報告や議論は、リポジトリ上で公開されています。自分が使うライブラリで問題や要望が出てきたら Issue を確認してみるとよいでしょう。
>
> 比較的新しいライブラリを使う場合、既存の問題や要望に対する対策や方針が検討中であることは多々あります。また、比較的長く使われているライブラリの場合、同一の問題や検討が過去に行われていたことが多々あります。Issue を確認すれば、そのような開発経緯や状況を把握できます。

具体的な例として、Python に関する技術情報を確かめる際に使えるインターネットの情報源を紹介します。

まず、Python でプログラミングする際に読むべきものは、公式ドキュメントです。このドキュメントは、Python Software Foundation によって管理されており、インターネット上で公開されています。Python チュートリアル、文法の説明だけでなく、Python そのものの歴史や仕組み、Python に関するよくある質問と言った情報が掲載されています。大部分が日本語に翻訳されていますので、Python でプログラミングをする人なら一読の価値があるでしょう。

参考 Python 公式ドキュメント
https://docs.python.org/ja/3/

さらに、Python そのものの技術仕様や開発目的は、PEP として公開・議論されています。PEP は、Python Enhancement Proposal の略で、Python そのものの設計や仕様に関する背景を調べられます。このような文書が公開されていることを理解しておくことで、いざという時に調査できます。

参考 Python Enhancement Proposal
https://peps.python.org

筆者の場合、自分が関与するプロジェクトで利用するライブラリのリポジトリは、軽く目を通すようにしています。他にも Python のサードパーティ製パッケージに関する情報は、そのパッケージの公式ドキュメントやリポジトリで信頼性の高い情報が得られます。Python のサードパーティ製パッケージは、PyPI を調べてみるとパッケージごとにページを見つけられます。

参考 PyPI – The Python Package Index
https://pypi.org/

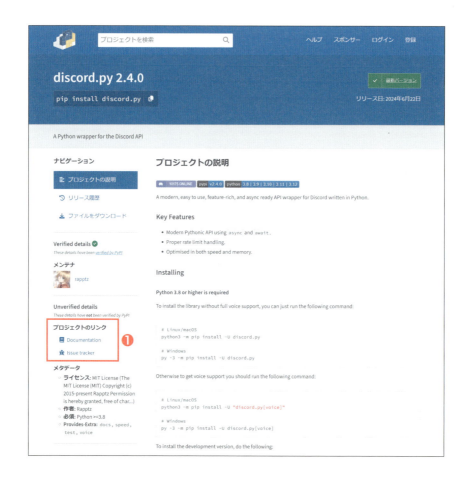

また、PyPI で公式ドキュメントやリポジトリのリンク❶を見つけられます。

もっともっと技術の世界を広げる

興味を持てば独学で勉強できる世の中にはなってきました。しかし、それと同時に興味を持たない限りは知ることができない世の中にもなっています。独学で勉強して行き詰まりを感じている人には、プログラミング技術の多様性に触れていくことをオススメします。

世の中には、様々なタイプのコンピュータがあります。例えば、パソコンやスマートフォンもコンピュータですし、家電などの様々な機器もコンピュータが搭載されています。自動車は、走るコンピュータとも言われています。

そして、それらの上で動くソフトウェア・アプリケーションもプログラミングで作られています。さらにそれらのアプリケーションを開発するためのパッケージがインターネット上で公開されています。その中には、善意あるパッケージだけでなく、悪意のあるパッケージやアプリケーションも存在しています。

このような、パッケージを自らが調べて、自らの責任として選び活用していくことが必要となっています。そのためには、様々な技術に触れる窓口となるメディアやイベントを知って活動していくことが大切です。

最近は、インターネット上にも多様なメディアがあります。文字情報であれば、書籍や雑誌、ブログ記事などがあります。メールマガジンや企業ブログなどもあるでしょう。

他にも、Youtube に公開されている動画もあれば、Udemy などの有料動画の学習コンテンツもあります。また、Podcast のような音声での学習コンテンツもあります。これらのメディアで様々な技術に関する情報が発信されています。

このような多種多様なメディアから各自が自分に合うメディアを見つけ、技術の幅を広げていきましょう。参考として、筆者が見聞きしているメディアの一部を紹介します。

PyCon JP TV は、一般社団法人 PyCon JP のが主催する YouTube ライブです。Python の新機能や Python コミュニティの様子について配信されており、過去配信も視聴できます。Python をはじめていて、Python コミュニティが気になっている人にオススメの配信です。

参考 terapyon channel
https://podcast.terapyon.net/

terapyon channel podcast

一般社団法人 PyCon JP の代表理事や、一般社団法人 Python エンジニア育成推進協会の顧問理事などを歴任し、日本国内の Python コミュニティの活性化に尽力されている terapyon こと、Manabu TERADA(寺田学) さんの個人 Podcast です。国内で長年、Python に関係されている方々と、よもやま話をされている Podcast ですので、最近の Python に関するお話を聞くことができます。登場されるのが Python 上級者の方ばかりになるので、Python 上級者の会話が聞きたい人にオススメです。

参考 fukabori.fm
https://fukabori.fm/

NTT コミュニケーションズの岩瀬義昌さんによる個人 Podcast です。国内外の様々な研究者や技術書著者を招き、技術・組織・マネジメントに関して深掘りして楽しむ Podcast です。こちらも登場されるのはハイレベルな技術者ばかりになので、技術者のマニアックな会話が聞きたい人にオススメです。過去の配信も視聴できます。

技術者による Podcast や配信は他にもたくさんあります。インターネット上でオススメを検索するとたくさんの方々が紹介しています。筆者個人の趣味で言えば、上級者が視聴者を置き去りにしながら技術について語っているものが好きです。

定期的に情報を受け取るのもよいでしょう。国内には「Software Design」のような IT 技術者のための総合情報誌があり、定期購読があります。他に、PythonWeekly のようなプログラミング言語やフレームワークに特化したニュースを届けるメーリングリストもあります。

このような情報を定期的に受け取って、目を通しておくことで少し距離のある分野の技術への理解も深まっていきます。

また、技術系のイベントに参加して様々な人と会話をすることもオススメです。日本では、技術者による有志の勉強会が活発で、様々な地域でIT勉強会やもくもく会が開催されています。日本国内で開催される多くのIT関連イベントがconnpassやTECHPLAYに掲載されています。

・エンジニアをつなぐIT勉強会支援プラットフォーム connpass

参考　connpass
https://connpass.com/

・IT勉強会・イベントなら TECH PLAY

参考　TECH PLAY
https://techplay.jp/

さらにPythonの場合、1年に1回、PyCon JPが開催されています。これは、Pythonの国際カンファレンスであり、例年、様々な会社や立場でPythonに関わっている方や、海外の方も参加されます。

・Pythonの国際カンファレンス PyCon

参考　PyCon
https://www.pycon.jp/

筆者の経験を紹介すると、筆者も書籍や雑誌を使い、独学でPythonを学んでいた頃があります。当時、周囲に気軽にPythonのことを質問できる人はいませんでした。そして、経験者に聞けば、5分で解決するような問題を数週間悩んでいたこともあります。

また、最近ではインターネットを使って、プログラミングを独学している方も見かけます。そのような方の中には、インターネット上で見えるエンジニアがハイレベルすぎることで、心が折れる方も少なくないように見えます。しかし、実際に会って話をすれば、ある領域については異常なハイレベルであっても別で苦手な領域があることや、そのレベルに到達するまでにたくさんの努力と巡り合わせがあったことに気づきます。

それにより、「自分が技術にどのように関わっていくか」についての気づきも得られていくでしょう。技術者として継続的に技術と関わっていく中で、このようなイベントに参加して多くの人と会話することは無駄にはなりません。

今回は、Pythonに関連する話題と私の経験をもとにイベントやメディアを紹介しました。Python以外にも多くのプログラミング言語やフレームワークの集まりがありますし、最近は特定の業界での事例の勉強会なども増えているように思います。また、ここに取り上げられていない素晴らしいメディアもあります。

このような様々なメディアやイベントの活用を通して技術の幅を広げつつ、読者の方がより充実したプログラミングライフを送れればと思います。本書での学びやPythonを活用したプログラミングを通して、日々の課題を解決しながら、プログラミングを楽しんでいきましょう。

そっか。色んな勉強方法がありますよね。自分も周りの人も、何を見て勉強するかで迷ってます。

うん。情報が溢れる現代だからこその悩み、って感じだね。プログラミングだけじゃなく、色んな分野で同じ悩みがあるね。情報の信頼性については、耳にタコができるほど聞いてると思うけど、プログラミング学習でも大切だよ。

なるほど…！いやー、本当に勉強になりました！来てよかったです！

それはよかった。役に立ったなら何よりです。今回はこれで終わりだけど、また縁があればどこかで。

はい！ありがとうございました！

Appendix

内容

- ☑ Discord Bot の設定
- ☑ Spotify へのアプリケーション登録手順

SECTION
1 Discord Bot の設定

🚩 アプリケーションを作成してトークンを発行する

Discord Bot を作るためには、Discord にてアプリケーションを作成し、そのアプリケーションをサーバーに招待する必要があります。ここではその手順を説明します。

まず、Discord にログインした状態で、以下の URL にアクセスします。

参考 **Discord Developer Portal**
https://discord.com/developers/applications

Discord のデベロッパーポータルです。アクセスしたら、画面右上に表示されている「New Application」❶をクリックします。

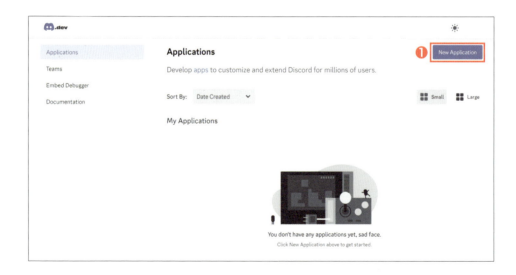

すると次の画面が表示されますので、「Name」❷にBotの名前を入力します。今回は、「MyFirstBot」にします。そして、Discordの開発者利用規約や開発者ポリシーに同意❸して「Create」❹をクリックします。

これで、アプリケーションが作成されました。次のように表示されます。これがDiscord Botのアプリケーションです。

次に、このアプリケーションのトークンを発行します。左メニューの「Bot」❺をクリックし、「Reset Token」❻を実行します。

なお、「Reset Token」をクリックすると「RESET BOT'S TOKEN?」の警告が表示されます。一度、トークンをリセットすると以前のトークンが無効になるため、すでにトークンが発行済みの場合は注意しましょう。初めてトークンを発行する場合も、ここは「Yes, do it!」❼を押して進む必要があります。

トークンが発行されると「Copy」❽で取得できるようになります。

トークンをコピーしたら、ローカルマシンに保存しておきます。これで、トークン取得成功です。なお、このトークンは絶対に他人に知られないようにしてください。他人に知られた場合、その人があなたのBotを操作できるようになります。

🚩 Discord Bot の権限を設定する

次に、このアプリケーションが Discord Bot としてメッセージの読み書きをできるように設定します。その後、このアプリケーションの Discord Bot をサーバーに参加させます。

まず、「Bot」❶を選び「MESSAGE CONTENT INTENT」❷を ON にして保存します。

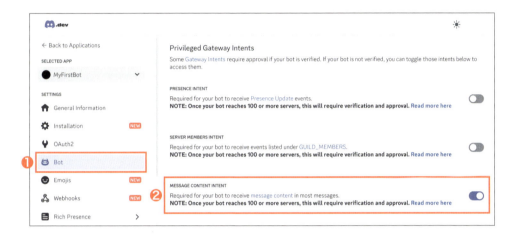

「OAuth2」❸を選び、「OAuth2 URL Generator」の「SCOPES」で「bot」❹にチェックを入れます。

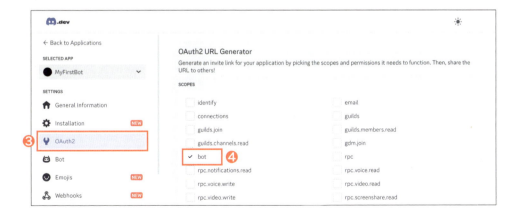

「BOT PERMISSIONS」で、「View Channels」❺、「Send Messages」❻、「Read Message History」❼にチェックを入れます。

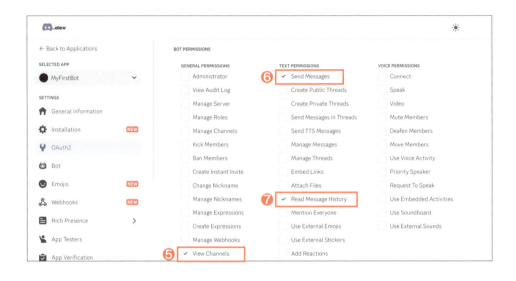

すると、画面下に「Generated URL」が表示されます。

この URL にアクセスすると、Bot をサーバーに招待できます。招待する画面になれば、自分が追加したい Bot へのアクセス許可であることを確認し、対象のサーバー❽を選んで進みます。

画像は Bot の招待画面の例です。なお、犬のアイコンは筆者のアイコンなので、実際にはログインユーザーのアイコンになります。

その後、必要な権限を確認して、「認証」❾をクリックします。これで、Discord Botがサーバーに参加しました。Discordを確認すると「MyFirstBotがサーバーに参加した」という内容の通知が届いているはずです。確認してみましょう。

続いてテキストチャンネルを新たに作成しBotを招待しておきましょう。プライベートチャンネルの場合は、「設定」を開いて「権限」から「メンバーまたはロールを追加」❿でBotをメンバーに追加する必要があります。

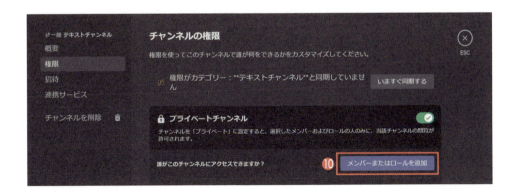

SECTION 2 Spotifyへのアプリケーション登録手順

🚩 アプリケーションを作成する

ここでは、Spotifyの開発者ポータルへアクセスし、アプリケーションを登録する手順を説明します。Spotifyにアプリケーションを登録するには、Spotifyアカウントが必要です。

なお、同様の手順及び詳細な説明は、Spotifyの公式Webサイトでも確認できます。

参考　App | Spotify for Developers
https://developer.spotify.com/documentation/web-api/concepts/apps

まず、Spotifyの開発者ポータルへアクセスします。

参考　Spotify for Developers
https://developer.spotify.com/

右上の「Log in」❶をクリックし、Spotifyにログインします。Spotifyにログインしたら、「Dashboard」❷に進みます。

開発者の利用規約への同意❸が求められます。必ず内容を確認した上で、同意❹して進みます。

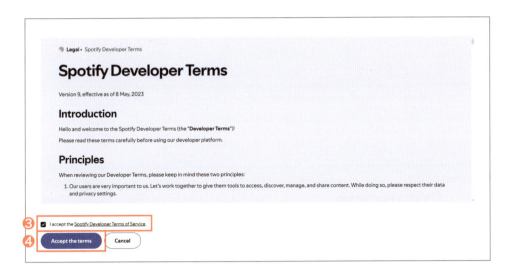

Spotify APIは個人利用に限り利用が許可されており、家族や友人への共有は利用規約違反になります。また、Spotifyのコンテンツは、ローカルに保存することが禁止されているため、APIを利用して検索した結果を保存することも禁止されている点には十分注意してください。

参考 Spotify Developer Terms | Section III Licenses and Permissions
https://developer.spotify.com/terms#section-iii-licenses-and-permissions

「Create App」❺を押して、アプリケーションの作成に進みます。

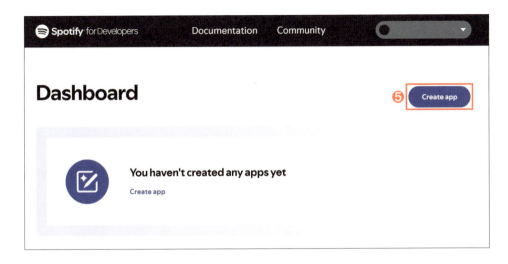

続いて以下の情報を指定します。

「App name」❻	作成するアプリケーション名です。画像では「MyFirstSpotifyApp」と入力しています。
「App description」❼	作成するアプリケーションの説明です。画像では「最初のSpotify APIを使ったアプリケーションです。」と入力しています。
「RedirectURI」❽	「http://localhost:8080」と入力します。
「Which API/SDKs are you planning to use?」❾	Web APIにチェックを入れます。

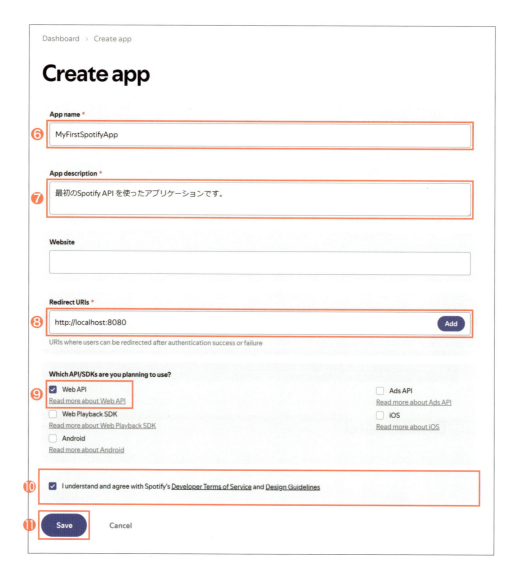

その後、「I understand and agree with Spotify's Developer Terms of Service and Design Guidelines」❿について、利用規約やガイドラインを確認してチェックを入れます。「Save」⓫をクリックして、アプリケーションを作成します。

🚩 Client ID と Client secret を発行する

アプリケーションを作成したら「Settings」❶を押します。

表示された「Client ID」❷と「Client secret」❸を控えます。これで Spotify のアプリケーション登録は終了です。

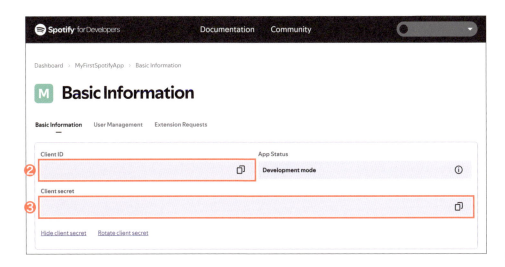

■ **本書のサポートページ**

https://isbn2.sbcr.jp/25825/

本書をお読みいただいたご感想を上記URLからお寄せください。
本書に関するサポート情報やお問い合わせ受付フォームも掲載しておりますので、あわせてご利用ください。

■ **著者紹介**

的場　達矢（まとば　たつや）

情報系大学院を修了後、大手SIer、Webベンチャー企業での勤務を経て独立したエンジニア。現在は、屋号HeritageArrowとして、Webサービス開発や生成AIの利活用に関わっている。また、故郷貢献を目指して専門職大学院にて技術経営を専攻しつつ、中小企業のDX推進にも関与している。実家で犬と共に育った犬派であったが、大人になった後に自身が犬アレルギーであることに気づいた。

■ **制作協力／レビュー**

Yukie（ゆきえ）

株式会社ビープラウド所属。主にPythonとDjangoによるバックエンドの開発に従事。アプリケーションのユニバーサルデザインとUXライティングにも関心があり、専門学校でUX/UI専攻を修了。フロントエンドへも仕事の幅を広げるべく奔走中。猫を被り（物理）、猫を吸うのが日課。おかげさまで、名刺の肩書がCat sniffeになった。そして、猫アレルギーを発症した。

動かしながら学ぶ Python

2024年12月25日　　初版第1刷発行

著　者	的場 達矢
発行者	出井 貴完
発行所	SBクリエイティブ株式会社 〒105-0001 東京都港区虎ノ門2-2-1 https://www.sbcr.jp/
印　刷	株式会社シナノ

制作協力／レビュー	Yukie
カバーデザイン	市川 さつき
イラスト	ごましお／Yukie
本文デザイン	清水かな（クニメディア）
制　作	クニメディア株式会社

落丁本、乱丁本は小社営業部にてお取り替えいたします。
定価はカバーに記載されております。

Printed in Japan　ISBN978-4-8156-2582-5